北京市哲学社会科学规划办公室
北京市教育委员会 资助出版
北京知识管理研究基地

知识管理研究

葛新权　等编著

中国财经出版传媒集团
经济科学出版社
Economic Science Press

图书在版编目（CIP）数据

知识管理研究 / 葛新权等编著 . —北京：经济科学
出版社，2017.12
ISBN 978 - 7 - 5141 - 8985 - 8

Ⅰ . ①知…　Ⅱ . ①葛…　Ⅲ . ①知识管理 – 研究
Ⅳ . ①G302

中国版本图书馆 CIP 数据核字（2018）第 010573 号

责任编辑：王东岗
责任校对：隗立娜
责任印制：邱　天

知识管理研究

葛新权　等编著
经济科学出版社出版、发行　新华书店经销
社址：北京市海淀区阜成路甲 28 号　邮编：100142
总编部电话：010 – 88191217　发行部电话：010 – 88191522
网址：www. esp. com. cn
电子邮件：esp@ esp. com. cn
天猫网店：经济科学出版社旗舰店
网址：http: //jjkxcbs. tmall. com
固安华明印业有限公司印装
710×1000　16 开　11 印张　200000 字
2018 年 2 月第 1 版　2018 年 2 月第 1 次印刷
ISBN 978 – 7 – 5141 – 8985 – 8　定价：39.00 元
（图书出现印装问题，本社负责调换。电话：010 – 88191510）
（版权所有　侵权必究　举报电话：010 – 88191586
电子邮箱：dbts@ esp. com. cn）

在知识经济发展过程中，知识已经成为第一要素，知识管理日显重要。无论宏观经济管理、产业管理与企业管理，还是政府管理、社会管理、生态环境管理、文化与制度（政策）管理，还是人才管理、科技管理、资产管理、绩效管理，以及专利与知识产权、质量与品牌管理，都需要知识管理，可以讲，知识管理无处不在、无时不有、无不重要。在社会建设、经济建设、政治建设、文化建设、生态文明建设，以及思想建设、组织建设、制度建设、作风建设、反腐倡廉建设中将发挥越来越重要的作用。

知识管理领域丰富的研究成果，为知识管理理论与实践奠定了基础。我们在多年的持续研究中所取得的研究成果基础上形成这本书，只是知识管理领域中沧海一粟，主要内容包括知识管理的基础；知识管理的普适性；知识管理体系；隐性知识显性化；知识挖掘理论、技术与方法；知识管理评估；知识管理发展。主要研究知识、知识产品、知识产业；知识管理与现实意义、知识管理理论基础、知识管理特征；企业知识管理体系、企业知识管理系统、中小企业知识管理体系；隐性知识管理方法、隐性知识显性化方法、隐性知识的显性化；知识挖掘技术方法、文本挖掘技术方法；知识管理评估方法、企业知识管理绩效的模糊评价模型与分析矩阵、基于 DEA 模型的企业知识管理绩效评价模型研究；平等管理、基于知识共享的虚拟企业知识管理模型、基于学习型动态联盟虚拟企业知识管理模型、组合知识管理对策对企业绩效影响的互补原理分析、动态联盟知识共享与合作的决策分析、基于粗糙集理论构建企业知识管理成熟度模型。

北京知识管理研究基地是北京市哲学社会科学规划办公室与北京市教育委员会 2007 年批准成立的北京市哲学社会科学研究基地。在前三期（2007～2015 年）的建设中，连续取得了优秀的成绩。在此，对所有关心、支持与帮助研究基地的部门及领导与专家学者表示衷心感谢。对基地依托单位北京信息科技大学，以及基地研究人员的贡献表示衷心感谢。本书成果主要是北京知识管理研究基地成员共同取得的，在此向他们表示由衷的感谢，同时感谢所列参考文献的作者，还要感谢未列入参考文献的作者，以及其他知识管理研究者。

本书作为知识管理领域研究的交流资料，由于作者学识与水平有限，欢迎指正。

作　者

2018 年 2 月

目 录

第一章
知识管理的基础

　　为了寻求可持续发展的道路，建立生态文明、和谐社会，人类唯一的选择就是发展科学技术，利用现代化的生产理念、方式与工具合理、科学、有效地开发利用资源和能源，开发新材料、新能源，实现清洁、低碳与绿色生产。这一点与以知识为第一要素的知识经济与知识管理不谋而合，基于知识创新、传播（分配）、交换与利用的知识产品生产成为永恒的主题。在知识经济发展的今天，知识成为第一要素，知识管理就成为宏观经济管理、产业发展管理、企业管理，以及社会管理、科技管理、环境管理、文化管理的主流。研究与应用知识管理的基础是对知识、知识产品与知识产业的认识。

第一节　知　　识

　　知识管理是对知识的管理，那么什么是知识，以及它具有什么特性、分类都是重要而基础的问题。

一、什么是知识

　　研究知识管理，首要的一个问题是，什么是知识？关于这个问题，可以说是仁者见仁，智者见智。

　　美国学者达文波特和普鲁萨克认为，"知识是一种有组织的经验、价值观、相关信息及洞察力的动态组合，它所构成的框架可以不断地评价和吸收新的经验和信息。它起源于并且作用于有知识的人们的大脑。在组织结构中，它不但存在于文件或档案中，还存在于组织机构的程序、过程、实践及惯例之中。"

中国工程院院士李京文教授认为，"知识有 6 种含义：经验的积累与归纳；对事物的认识过程；对某种方法、工具、手段的了解与管理；水平、身份的代表；道德、作风的修养水平；非判断语。"

中国社科院荣誉学部委员张守一教授认为，"知识是指人类对信息进行深加工，通过逻辑的或非逻辑的思维、推理，认识事物的本质，创造各种新的知识，进行传播、交换和利用。"

经济合作与发展组织（OECD）专家把知识划分为 know-what（知道是什么），know-why（知道为什么），know-how（知道怎样做）和 know-who（知道谁）；张守一教授以 know-decision（知道决策）和 know-management（知道管理）替代 OECD 专家 4K 中的 know-what 和 know-who，保留 know-why 和 know-how；吴季松博士在 OECD 专家 4K 的基础上增加 know-when（知道什么时间）和 know-where（知道什么地方）。

在众多的论述中，当数培根提出的"知识就是力量"最具高度概括性，马克思的"科学技术是生产力"，以及后来邓小平的"科学技术是第一生产力"的论断也表述了知识的作用。现在人们已经看到知识是知识经济的驱动力，知识已经成为知识经济第一要素，对第一要素管理——知识管理成为管理科学发展与管理实践的核心。

以上观点从不同的角度论述了知识的概念，各有侧重。我们认为，知识是为满足人类进步的需要，由人的脑力劳动而产生的能够给人类带来极大物质、精神与生态文明享受的成果总和，它能够被人们用于解决人类在科学技术研究和社会生活、生产实践中所面临的各种问题，同时创造出新的知识。这样的认识突出了知识的拥有者，包括知识的生产者和通过学习而获得知识并应用于实践的使用者。简单地讲，知识是人的大脑劳动的成果。知识是推动人类进步的动力，并且拥有的知识越多，这种推动力越大，社会进步越快。

除我们与张守一的观点外，其他都没有涉及或突出知识的实质—人类脑力劳动的结果，而张守一的观点没有突出知识的创造者在人类社会进步中的作用，以及社会进步对知识的客观需求。

鉴于知识一定是人的脑力劳动的成果，而信息可以是、也可以不是人的脑力劳动的结果。知识与信息两者有联系，但有本质的区别。从集合论角度上讲，知识与信息这两个集合相交，但不相互包含。如证券交易所大屏幕上显示的股票行情数据与图表是信息，不是知识；而证券分析师根据行情、证券理论、其他相关理论与方法，以及政策等分析与研究，得到的研究成果是知识，不是信息，但发布的股票走势预测是知识，也是信息。

二、知识的划分

（一）4K 观点

对于知识的划分，我们基本接受 OECD 专家的 4K 观点，但对 know-what 和 know-who 理解不同。我们认为 know-what 应理解为它在知道是"什么"以及什么样的时间、什么样的地点、什么样的条件下能够解决什么样的问题这一点尤为重要。学习及应用知识，不能生吞活剥，要结合实际创造性地应用，因此 know-what 属于知识，它包含了吴季松中的 know-when 和 know-where，也包含了张守一中的 know-condition；know-who 应当理解为知道谁以及他是怎样创造知识的，着重创造思想、方法、手段、过程以及特点，这一点也是至关重要的，要借鉴别人创造的经验以及形成自己的特色。因此 know-who 也属于知识。另外，我们认为 know-decision 和 know-management 被包含在 know-how 中，因为怎样做本身就是一个决策和管理过程。

（二）科学知识和（工程）技术知识

在研究中，我们发现 4K 划分不利于深入研究知识经济，不利于建立知识经济学的基本概念，也不利于知识经济学体系的建立。如前所述知识是人类大脑劳动的成果，决定了知识生产的唯一性。为此，我们把知识划分两大类：科学知识和（工程）技术知识。

（1）技术知识。技术知识划分为医药与卫生、农业科学、工业技术知识等三大类。并且，技术知识表现为一部著作、一篇论文，以及一个技术原理、路线、方案等。

（2）科学知识。科学知识划分为自然科学知识、人文社会科学知识（含管理科学知识与软科学知识）和文化艺术知识。

第一，自然科学是指研究自然界的物质形态，结构，性质和运动规律的科学，包括自然科学分为数学、物理学、力学、化学、天文学、气象学、生物学、植物学、地质学等。它是人类认识，改造自然的实践经验的总结，它的发展取决于生产的发展，并反过来推动生产的发展。因此，自然科学知识表现为一部著作和一篇论文等。

自然科学所揭示的是自然现象发展的客观规律。对任何一个自然科学规律，①它是一个客观规律，不存在任何一个违背该规律的反例，如数学中勾股定理对所有的直角三角形都是成立的；②无国界，它不会因不同的国家或地区而发生变化。

自然科学对自然现象规律的认识，为人类技术创新奠定了理论基础，最终决定了工艺创新和产品创新。特别地，自然科学的前沿研究成果增强了技术创新、工艺创新和产品创新的后劲，增强了技术创新、工艺创新和产品创新的潜力。因此，自然科学的发展是人类文明进步的基石、在人类文明进步中起着决定性的作用。

第二，人文社会科学是以社会现象为研究对象的科学，如政治学、经济学、军事学、法学、教育学、文学、史学、语言学、民族学、宗教学、社会学等，它的任务是研究并阐述各种社会现象及其发展规律。社会科学不同于自然科学，它属于意识形态和上层建筑的范畴。在马克思主义出现以前，实际上从未产生过完整的、真正发现了社会发展的客观规律性的社会科学。同样，人文社会科学知识表现为一部著作、一篇论文、一份研究报告等。

与自然科学不同，①人文社会科学所揭示的是普遍规律。对某一规律，并不排除个别现象违背这一规律。如马克思揭示的人类社会发展的普遍规律：由奴隶社会到封建社会，再到资本主义社会，社会主义社会，最终到共产主义社会。我们不能以苏联发展社会主义70余年之后解体私有化，来否定马克思的人类社会的发展规律。这恰好说明人类社会发展是长期、曲折、螺旋式的上升的。又如经济学中的需求理论所揭示的产品的市场需求量与其价格成反比的普遍规律，然而现实中确实存在某些产品（所谓吉芬产品），当它们的价格下降时，而它们的需求量并不增加的现象，但这并不能推翻需求理论。②人文社会科学有国界，因为它属于意识形态和上层建筑的范畴。当然，在研究人文社会科学中所使用的科学的定量原理与方法是无国界的。这些定量的原理与方法在人文社会科学研究中的作用日显重要，它们加强了人文社会科学的客观性、逻辑性和科学性。

人既是认识自然、利用自然，也是改造自然的主体，这一主体就形成社会。在认识、利用和改造自然的社会活动中，人的分工、地位、作用有很大不同，形成了不同的社会关系和社会现象。因此在人类文明进步中，仅有自然科学的发展是不够的，人文社会科学的发展也起着不可替代的作用。人文社会科学发展得好，一方面说明人类文明进步，另一方面有利于自然科学在人类文明进步中作用的发挥。反之，发展得不好，即使自然科学发展了也不能说明人类文明进步了，也不利于自然科学作用的发挥。值得一提的是，人文社会科学巨大的作用往往受到人们的忽视。如我国人口学家马寅初教授20世纪50年代提出的"人口论"，被错误地批判，导致我国多生3亿人，其后果是不言而喻的。如果不是这样的话，我们可以想象到现在的生活水平是什么样的。

在人文社会科学中，管理科学是指揭示管理活动内在规律的一门学问，它着重于全方位、多角度对管理目标、管理职能、管理组织、管理系统、管理行为、管理原则以及管理理论与方法等有效管理中的各种理论与实际问题进行探索和研究。它既可以用于研究国家、各级政府部门的宏观管理问题，也可以用于研究各种公司、企业、事业单位的微观管理问题。管理科学也是一门整合（非简单的综合）性学科，它涉及复杂的社会、文化、政治、军事、经济、科学技术，以及这些系统的组织、计划、控制、指挥、协调、交流、评价等方面的问题。一方面它为不同的决策者提供科学管理和科学决策的依据，另一方面它本身也得到完善、丰富与发展。

　　与人文社会科学类似，①管理科学所揭示的是理论规律，与实际情况有差距，但这丝毫不影响这一规律解决实际问题的作用；②管理科学有国界，因为它属于意识形态和上层建筑的范畴。但其中一些科学的管理理论与方法是无国界的。这些科学的理论与方法在管理科学研究与应用中具有重要的作用，它们加强了管理科学的客观性、逻辑性和科学性。因此，管理科学具有很强的实践性，所以它应逐步走向市场，为不同类型和不同层次的决策者服务。我们认为知识咨询产业就是管理科学走向市场的桥梁。

　　在人文社会科学中，软科学是指自然科学、人文社会科学、管理科学与技术科学相互结合的交叉科学，是科学理论与科学方法的高度集成，是学科资源高度共享与整合的结果，也是决策民主化与科学化的集中体现。针对决策和管理实践中提出的复杂性、系统性课题，为解决各类复杂社会问题提出可供选择的各种途径、方案、措施和对策。或者说，现代科学发展存在两种趋势：一是分工越来越细，新学科层出不穷；二是科学、学科之间相互渗透的方面不断增多，程度日益加深。各种科学、学科相互渗透所产生的新学科，统称为软科学。

　　对软科学的定义，目前尚没有一致的认识，但确已经达成三点共识：①软科学研究的对象是有人参与的、规模巨大的、耦合度高的、开放的、动态的复杂系统。它是自然科学与社会科学相互结合的交叉科学。一般来说，软科学研究的范围是极其宽广的，既包括自然科学与工程技术的内容，也包括人文与哲学社会科学、特别是经济科学的内容，是自然科学与哲学社会科学的结合部。这种结合往往是多方面、多层次的，包括每个学科各自层次上的结合，各种学科在理论、实践与方法上的结合，各种科研组织在课题研究、人才组织与管理功能上的结合，等等。从这一意义上说，软科学是集各项科学知识于大成的交叉科学。②它是科学理论与科学方法的高度集成。软科学的研究奠基于各种由专业知识单元组成的学科与学科群体，它既是在各种自然科学、工程科学与人文科学、经济科学与哲学社会科学等众多学科基础上诞生的综合科学，也是集调查研究、综合分析、信息传递、模型设计、营销策划、专家系统、咨询服务等各种方法的结晶，简而言之，也可以说是理论研究与实际应用方法的结合，是科学理论与科学方法的高度集成。因此，软科学研究需要各学科技术领域专家的参与，需要各级决策者的理解、支持和参与。③它是决策民主化与科学化的集中体现。决策民主化与科学化是一个完整的过程，光讲民主化、不讲科学化是不行的；反过来，片面强调科学性、忽视民主性也有失偏颇。改革开放以来，我国的社会经济发展之所以取得举世瞩目的成就，决策的民主化与科学化功不可没。软科学研究既要求有充分的民主程序、又要求严格的科学规范，因而也就为决策的切实制订与完善实施提供了保证。从这一意义上说，它是为决策的民主化与科学化服务的，是决策民主化与科学化的集中体现。例如，美国兰德公司和斯坦福国际研究所、日本野村综合研究所等国际知名的软科学研究机构，利用组织内部和外部专家群体（所谓思想库或智囊团）进行软科学研究为决策提供支持，发挥了重大的作用。再如，我国众多诸如中国社会科学院、中国科学院、国务院发展研究中心等国家级智库在国家社会与经济发展中提供了科学决策支持。

总之，软科学研究是以实现决策科学化、政策科学化、民主化和管理现代化为宗旨，以推动经济、科技、社会与生态的持续协调发展为目标，针对决策和管理实践中提出的复杂性、系统性课题，综合运用自然科学、社会科学和工程技术的多门类多学科知识，运用定性和定量相结合的系统分析和论证手段而进行的一种跨学科、多层次的科研活动。

第三，文化艺术知识是一种产生于人类精神交往的需要的劳动产品，是人类思想感情的表现，分为美术、音乐/诗歌、影视剧、舞台/戏剧、书法/篆刻、雕刻/建筑等作品，它们表现为一幅画、一曲乐谱、一首歌词、一件雕塑、一个剧本等。

（三）隐性知识与显性知识

在实际中，还可以把知识划分为隐性知识和显性知识。隐性知识是指知识被创造出来后，不离开大脑这个载体。两种人拥有隐性知识，一种是"怪人"，为数极少，他们创造新的知识后，不说，不写，不用；另一种是快要死去的人，他们藏在头脑内的知识，来不及用语言、文字、图形或手势表达出来，这种隐性知识是大量的。

显性知识则是指知识被创造出来后，离开了大脑这个载体，用语言、文字、图形等工具表达在纸张、录音带、磁盘、光盘等载体上。一个人创造新知识后，不用语言、文字、图形等工具表达出来，但直接用于制造知识产品，也是显性知识。也就是说，产品也是隐性知识的载体。通常提及的技术秘诀或商业秘密都属于这种情形。

知识有载体，载体分层次。人创造新知识后，大脑是第一层次的载体，纸张、录音带、磁盘、光盘、产品等是第二层次的载体。在人类历史上，知识载体有一个发展过程，例如，原始人"结绳记事"，将文字写在皮革、竹简、木简上，即皮革、竹简、木简是载体。纸张的发明使知识载体发生了革命性的变化，而计算机的发明和发展，使芯片和软盘成为知识载体的重要形式。知识载体是可以相互转换的，如纸张与软盘就可以相互转换。技术知识的载体分为许多层次，除纸张、图形、光盘等外，试验、试制、生产和产品都是它的载体。

迈克尔·波兰尼（Michael Polanyi，1891～1976年）于1958年出版的《个人知识》和1966年出版的《隐性方面》是西方学术界最早对隐性知识及隐性认识与科学研究进行较为系统地探讨和分析的著作。波兰尼在对人类知识的哪些地方依赖于信仰的考查中，偶然地发现这样一个事实，即这种信仰的因素是知识的隐性部分所固有的。波兰尼认为："人类的知识有两种。通常被描述的知识，即以书面文字、图表和数学公式加以表述的，只是一种类型的知识。而未被表述的知识，我们在做某事的行动中所拥有的知识，是另一种知识。"他把前者称为显性知识，而将后者称为隐性知识。按照波兰尼的理解，显性知识是人类能够以一定符号系统（最典型的是语言，也包括数学公式、各类图表、盲文、手势语、体语等诸种符号形式）加以完整表述的知识。隐性知识相对于显性知识来说，是指我们知道但难以或不愿意言述的知识。

在波兰尼之后，不同的学者从不同的角度阐述对于隐性知识的理解。哈耶克（1899～1992年）从法理学和经济学的视角提出所谓"阐明的规则"（articulated rules）和"未阐明的规则"（non-articulated rules）的区分。所谓"未阐明的规则"是那些尚未或难以用语言和文字加以阐明的，但实际上为人们所遵循着的规则。哈耶克认为"我们的习惯及技术、我们的偏好和态度、我们的工具以及我们的制度"，它们构成了"我们行动基础的'非理性'的因素（non-rational factors）"，这些知识就是"隐性知识"（tacit knowledge）。

美国著名的心理学家斯腾伯格（Robert J. Sternberg）从心理学的角度来论述隐性知识与人类思维及心理过程的关系。他认为，所谓隐性知识指的是以行动为导向的知识，是程序性的，它的获得一般不需要他人的帮助，它能促使个人实现自己所追求的价值目标。这类知识的获得与运用，对于现实的生活是很重要的。另外，隐性知识反映了个体从经验中学习的能力以及在追求和实现个人价值目标时运用知识的能力。

克莱蒙特（Clement，J.）在实验的基础上将隐性知识划分为"无意识的知识"（unconscious knowledge）、"能够意识到但不能通过言语表达的知识"（conscious but non-verbal knowledge)、 "能够意识到且能够通过言语表达的知识" (conscious and verbally described knowledge)。

日本学者野中郁次郎和竹内广孝在《知识创新公司》一书中，将隐性与显性知识的关系分为四类：①从隐性知识到显性知识，这是知识创新过程，也是最复杂的过程，至今人们对这个过程的认识还很浅薄，没有深入揭示知识创新的机理，为什么是马克思写出了《资本论》，为什么是爱因斯坦提出了相对论等，至今没有得到深刻的说明①。②从隐性知识到显性知识，就是将知识转化为知识产品的过程。③从显性知识到显性知识，这是知识的传播过程。④从显性知识到隐性知识，这是知识的利用过程，通过学习获得的成果是将显性知识转化为隐性知识，这也是一个复杂过程，虽然德莱顿和沃斯在《学习的革命》一书中进行了一些研究，但认识仍然浮浅。例如，同是一个班的学生，学习同样的课程，结果一些学生的成绩很好，另一些学生的成绩中等，少数学生的成绩不好，为什么出现这种情况，至今没有进行深刻的研究。

综上所述，对于显性知识有比较统一的看法，而对于隐性知识则是不同的人从不同的角度来进行阐释。总之，在此我们认为隐性知识是存在于个人头脑中的、在特定情景下、难以明确或不愿意表述的知识，它与个人经验有很大关系并且对一个人价值目标的实现起着至关重要的作用。

发展知识经济，从事知识管理的主要目标是营造良好氛围激励人们创造知识，并把隐性知识转化为显性知识，实现知识共享，造福人类。

三、知识的特性

对于知识的特性，我们认为它具有：①知识的智力性，知识都是人类脑力劳动的成果；②知识生产的唯一性，知识一旦被生产出来之后，不会有人再生产它；③知识的可传播性，知识传播越快、越广，对知识创新越有利；④知识的创新要使用知识，必须学习、消化、吸收、掌握它，否则不会使用，使用知识的目的在于创新；⑤知识的非磨损性，知识在被使用中，本身不会被消耗，可重复被使用；⑥知识的可共享性，所有的物质产品都具有排他性，而知识不排除他人也可以同样完整地拥有；⑦知识的不可替代性，由于知识的创新性也表现出知识的积累性，所以不同的知识难以替代；⑧知识的整体性，任何知识的一部分是毫无价值的；⑨知识的无限性，知识本身是无限的，它作为最重要

---

① 最近科学家发现，爱因斯坦的脑与一般人不同，这也许是他提出相对论的原因，也许不是；为什么他提出了相对论，而不是提出其他的理论；脑结构的不同与他提出相对论之间究竟是什么关系，所有这些和其他诸多问题目前尚不清楚。

的生产要素，其边际收益是递增的，因此它具有无限增殖性。

知识的作用表现在很多方面，如提高国民素质、增强国力、提高国际地位、落实学科发展观、实施人才强国战略、建设现代化经济体系，实现可持续发展；促进企业研发与技术创新，提高竞争力，满足社会与人民美好生活需求；激发个人思想，增强个人潜能，增加服务社会本领等。除此之外，我们认为知识最基本、最重要的作用是提高人学习、创造与应用知识的能力。

四、知识的度量

（一）知识投入的度量

不言而喻，生产知识的投入同样也有三个部分：一是投入的人力（特指非脑力劳动）、物力和财力，这一部分与普通产品相同，它的核算已经解决。与普通产品相比，生产知识所投入的人力、物力和财力占全部投入的比重小得多。二是投入的脑力劳动，它表现为知识生产者在生产知识的过程中学习获取、创造，并用于生产中的知识。这是知识生产所特有的，但并不是说普通产品生产中完全没有脑力劳动，只是说它所占的比重很小而已。同样，更不是指普通产品生产不需要知识，相反普通产品的生产都需要一定的知识，但我们强调的是这种知识不是生产者在生产过程中学习获取和创造的。三是投入的知识，这种知识（以前生产出来的）是知识生产者在生产过程开始之前自己就已拥有的，它也是知识生产者所特有的。同样，普通产品生产也投入了这种知识，但它所占的比重小。

我们认为，知识的生产实质上是知识生产者在原有的知识基础上的知识积累的过程，因此

新的知识＝原有的知识＋知识生产过程中增加(学习获取和创造)的知识

严格地讲，增加的知识应为净增加的知识，它是生产过程中增加的知识与减少（淘汰）的知识的余额。然而从度量知识投入的角度来讲，可以认为减少的知识为零，从而净增加的知识等于增加的知识；原有的知识就是生产知识的第三部分投入；知识生产过程中增加的知识就是生产知识的第二部分投入；当然并不是简单地将原有的知识与增加的知识这两种知识堆积就能生产出新的知识，而是需要一定的人力、物力和财力，更重要的是还需要一定的脑力将它们有机地结合起来，才能创造出新的知识。考虑到这里的脑力与增加的知识所付出的脑力相比少得多，为简便起见将它忽略。因此人力、物力和财力就是生产知识的第一部分投入。从而

$$新的知识的投入 = 人力、物力和财力的投入 + 知识生产过程中增加的知识的投入$$
$$+ 原有的知识的投入$$

注意，一方面，原有的知识不是天上掉下来的，它的生产也需要投入人力、物力、财力、脑力（生产原有的知识过程中生产者学习获取，创造，并使用的知识）和知识（生产原有的知识所投入的原有原有的知识），因此它也有一个相应的公式；同样，原有原有的知识也有一个相应的公式……可见该公式是一个迭代公式。另一方面，一般地讲增加的知识和原有的知识都有若干种，所以该公式是一个极其复杂的求和迭代公式。在公式中，第一项的核算不成问题；无论对生产者，还是对研究者来说，都能知道或判断原有的知识和增加的知识这两部分知识的数量和水平，因此第二项和第三项本身又都归结为知识投入的度量问题。

特别地，在实际中，考虑到知识的积累性，可以把所有原有的知识和增加的知识均高度概括为一种。也就是说，增加的知识和原有知识都只有一种，迭代公式只有一步。如果有市场交易行为，对这种原有的知识的生产者来说，它的投入为：

$$原有的知识的投入 = 原有的知识的交易额 \div (1 + 原有的知识的成本利润率)$$

这里原有的知识的交易额即原有的知识的价值（这又归结为知识产出的度量），亦即新知识生产者的投入。例如，原有的知识的市场交易额为 15 万元，它的成本利润率为 50%，则它的投入（成本）为 10 万元。

对某一新的知识，那么它的投入为：

$$新的知识的投入 = 新的知识的交易额 \div (1 + 新的知识的成本利润率)$$

增加的知识的投入为：

$$增加的知识的投入 = 新的知识的投入 - 人力、物力和财力的投入$$
$$- 原有的知识的交易额$$

例如，新的知识的市场成交额为 51 万元，其成本利润率为 70%，人力、物力和财力的投入为 4 万元，则新的知识的投入为 30 万元，增加的知识的投入为 10 万元。

如果可能的话，增加的知识的市场交易额为 16 万元，则它的成本利润率为 60%。然而，对于学术著作、论文、研究报告这类知识来说，常常没有市场行为。在这些情况下，如何度量增加的知识和原有的知识的投入，理论上讲都归结为对增加的知识投入的度量。

我们认为，一方面，知识是人类脑力劳动的成果，一般地讲，脑力劳动消耗的时间越长，生产的知识越多；另一方面，知识的拥有者，包括知识本身的生产以及通过学习获得知识的使用者，或者说是脑力劳动者在知识产品生产过程中投入知识、使用知识进行创新。并且知识本身不会被磨损或损失。因此脑力劳动者的脑力劳动时间多少能够反映知识投入的多少，两者成正比关系。注意，在实际中，脑力劳动者的脑力劳动时间是体力劳动时间的倍数关系，有两层含义。从相对量上讲，按照马克思的劳动价值论，脑力劳动 1 个小时创造的成果的价值量是体力劳动 1 个小时所创造的成果的价值量的倍数，因此脑力劳动 1 个小时相当于体力劳动的若干小时；从绝对量上讲，由于体力劳动受工作场所、设备仪器等条件的限制，在一个法定的工作日里，体力劳动最多是 8 个小时（加班加点除外），而脑力劳动可以不受这些条件的限制，脑力劳动时间常常超过 8 个小时，节假日更不用说了。每一位科学技术研究人员都有这种感受，因此在一个法定的工作日里，脑力劳动时间也是体力劳动时间的倍数。

在区分脑力劳动时间和体力劳动时间前提下，我们不需要考虑第一种相对意义上的倍数，但必须考虑第二种绝对意义上的倍数，即要以脑力劳动者的实际脑力劳动时间进行核算。在实际中进行这种核算会有困难，我们认为，可以使用抽样调查，估计出在绝对意义下，脑力劳动时间是体力劳动时间的平均倍数 r，然后乘以法定工作时间 t，再乘以脑力劳动者人数 L，就可以得到全部脑力劳动者的实际脑力劳动时间总和 TT：

$$TT = t \times r \times L \tag{1-1}$$

使用这种方法时，还要注意另一个重要的问题。众多的脑力劳动者千差万别，他们拥有知识的种类、数量和水平或者说广度与深度以及综合应用知识的能力有差距，甚至差距很大。如果不考虑这一点，上述的方法的误差会很大。例如，一位博士脑力劳动 1 个小时投入的知识显然比一位学士脑力劳动 1 个小时投入的知识多得多。况且，脑力劳动者的脑力劳动还存在着不可替代性，如硕士脑力劳动不能替代博士脑力劳动。因此必须考虑脑力劳动者的这种差异。

众所周知，最可行的反映这种差异的是脑力劳动者的学历（含同等学历）。学历从高到低是：博士后、博士研究生、硕士研究生、本科、高中、初中、小学等，假定我们认为具有本科及以上学历的人为脑力劳动者，根据上面的分析，这些人的脑力劳动是不同的，即脑力劳动 1 个小时所投入的知识是不同的，并且学历越高，所投入的知识越多。问题是，怎样用学历将他们投入的知识区别开来？

我们认为，使用学历相应的受教育年数或月数可以区别不同学历的人时，脑力劳动中所投入的知识，自然是受教育的年数或月数越长，所投入的知识越多。因为学历含同等学历，所以自学、继续教育、培训的时间都要核算，决定了受教育时间可以精确到月。

对于全体脑力劳动者来说，计算出加权平均受教育年数 AEY：

$$AEY = \frac{\sum 各种学历脑力劳动者受教育年数 \times 各种学历脑力劳动者人数}{\sum 各种学历脑力劳动者人数}$$

$$(1-2)$$

至此，我们全部脑力劳动者的实际脑力劳动时间总和：

$$TT = t \times r \times L \times (AEY - 11) \qquad (1-3)$$

其中 11 为小学、中学、高中教育年数之和。公式（1-3）比公式（1-1）要符合实际，它将不同脑力劳动者所投入的知识区别开来。

如果做得到的话，则还可以将公式（1-3）精确化。为此，记 L_1、L_2、L_3、L_4 分别表示具有本科、硕士研究生、博士研究生和博士后学历的脑力劳动者人数，EY_1、EY_2、EY_3、EY_4 分别表示他们受教育的年数，则平均受教育年数为

$$AEY = \frac{\sum EY_i \times L_i}{\sum L_i} \qquad (1-4)$$

又记 r_1、r_2、r_3、r_4 分别表示他们的脑力劳动时间是体力劳动时间的倍数，一般地讲，在一个工作日里博士后脑力劳动时间多于博士研究生、后者又多于硕士研究生、硕士研究生又多于本科，也就是说 $r_1 \leq r_2 \leq r_3 \leq r_4$，并且平均倍数 r 为

$$r = \frac{\sum r_i L_i}{\sum L_i} \qquad (1-5)$$

于是全体脑力劳动者脑力劳动时间总和为

$$TT = \sum t \times r_i \times L_i \times (Ey_i - 11) \qquad (1-6)$$

公式（1-3）或公式（1-6）是核算脑力劳动者脑力劳动时间的公式。还有一点要说明，在实际中学历并不代表终身，低学历的人通过自学、进修、培训等继续教育，他的学识水平能够达到高一个甚至高几个层次学历水平。因此，前面我们强调公式中的学历是指同等学历，就是基于这种情况考虑的。但实际中同等学历往往不好识别，我们建议对低学历的人应以他的职称为标准，如中级职称对应于本科、高级职称对应于硕士研究生、正高级职称对应于博士研究生、博导及院士对应于博士后。

至此，知识投入被用脑力劳动时间表示，假如知道单位脑力劳动时间的工资，则知识投入就能被用价值量表示。记 W 为全部脑力劳动者单位脑力劳动时间的平均工资，则知识投入为：

$$Ck_n = t \times r \times (AEY - 11) \times W \qquad (1-7)$$

我们也可以使用学历对应的职称，计算较精确的平均工资。假定中级、副高级、正高级、博导的单位脑力劳动时间工资分别为 W_1、W_2、W_3、W_4，则有

$$W = \frac{\sum W_i \times L_i}{\sum L_i} \qquad (1-8)$$

并且

$$Ck_n = \sum t \times r_i \times L_i \times (Ey_i - 11) \times W_i \qquad (1-9)$$

由于增加的知识的投入与所付出的脑力并非呈线性相关关系，所以度量的结果只能是粗略的。

（二）知识产出度量

像普通产品一样，知识的度量既有实物量，也有价值量。由于知识只生产一次，所以它的实物产出量是1，如著作1本，论文1篇，研究报告1份，它的价值量就是它的价格。

但由于知识具有共享性，所以它几乎没有直接的市场行为。虽然可以有间接的出版物市场行为，但由于知识出版物的读者面窄，发行量有限，为此作者还常常要支付出版费，所以不能以稿酬（有可能还是倒贴）作为它的价值，也不能以出版商所获得的利润作为它的价值（况且出版商有时为了社会效益，补贴出版有科学价值的科学著作），大大地低估了它的价值。那么怎样度量知识的价值量呢？这确实是十分困难的事情，下面作些理论分析。我们认为，知识的使用者所获得的价值增量可以作为它的价值。这里，有两层含义：一是有若干个使用者；二是有直接使用和间接使用，间接使用还分为一次间接使用，二次间接使用，三次间接使用……因此知识的价值也是一个极其复杂的求和迭代过程（公式）。

为叙述方便，对某一知识，假定有 L 个直接使用者，K 表示第 K 个直接使用者（K = 1，…，L），K_{ji} 表示第 i 次间接使用的第 j 个使用者（I = 1，…，Km；j = 1，…，Nk_i），因此对第 K 个直接使用者来说，其后有 Nk_1 个一次间接使用者，Nk_2 个二次间接使用者，…，N_kk_m 个 k_m 次间接使用者，共计间接使用者为（$Nk_1 + Nk_2 + \cdots + N_{km}$）个。显然全部 L 个直接使用者其后有 $L_1 = N_{11} + N_{21}$

$+\cdots+N_{L1}$ 个一次间接使用者，有 $L_2 = N_{12} + N_{22} + \cdots + N_{12}$ 个二次间接使用者，$\cdots$，有 $L_{km} = N_{1km} + N_{2km} + \cdots + N_{Lkm}$ 个 km 次间接使用者。因此对这一科学著作、论文、研究报告，有 L 个直接使用者，有 $L_0 = L_1 + L_2 + \cdots + L_{km}$ 个间接使用者，它们形成一个树根状的网络（值得一提的是，从理论上讲，L 和 km 都可以是无穷大，这里我们不考虑这种情况）。

从上面的分析可见，一方面，间接使用者的人数与被使用的科学著作、论文、研究报告（间接使用该知识而创造出来的新知识，使用就是创造，使用一次，创新一次）的数量是一一对应的，即 L_0 个间接使用者对应 L_0 项新知识。另一方面，知识的价值由两部分构成，一是 L 个直接使用者所获得的价值增量；二是 L_0 个间接使用者所获得的价值增量，前者容易确定，而后者不易确定。为什么呢？因为上述的分析只考虑这 L_0 个间接使用者之间的 L 种按逻辑顺序单向的使用，而没有考虑它们之间的交叉使用。在实际中，相对来讲，单向使用的价值增量也容易确定，但交叉使用错综复杂，其价值增量不易确定。进一步，交叉使用有两种情形：一是交叉中的直接使用；二是交叉中的间接使用，如一次、二次、三次使用等。同样前者容易确定，而后者不易确定。我们受投入产出分析中的直接消耗系数和完全消耗系数及其关系的思想的启发，提出了交叉直接使用价值系数和交叉完全使用价值系数，从而来解决这一问题。为此，假定 P_{ij} 为第 I 间接使用者交叉直接使用第 j 项新知识所获得的价值增量（I，j = 1，$\cdots$，L_0），记

$$P_i = P_{i1} + P_{i2} + \cdots + P_i L_0 , (i = 1, \cdots, L_0) ;$$
$$a_{ij} = P_{ij} / P_i (i = 1, \cdots, L_0)$$

则 a_{ij} 就是交叉直接使用价值系数，L_0 阶矩阵 $A = (a_{ij})$ 就是交叉直接使用价值系数矩阵。又假定交叉间接使用有 1 次，2 次，$\cdots$，k 次，记 b_{ij} 为交叉完全使用价值系数，则

$$b_{ij} = a_{ij} + a_{i1} b_{1j} + a_{i2} b_{2j} + \cdots + a_i k b_{kj}$$

L_0 阶矩阵 $B = (b_{ij})$ 就是交叉完全使用价值系数矩阵，且

$$B = A + BA \text{ 或 } B = (E - A) - E \qquad （E 为 L_0 单位矩阵）。$$

最终，交叉完全间接使用价值增量为 BP，$P = (P_1, \cdots, PL_0)$。

现在，再回到知识的价值增量上来。如果有市场交易行为，则它的价格扣除投入就是它的价值增量；如果没有市场交易行为，则利用投入（成本）和成本利润率得到它的价值增量。

五、知识边际收益递增规律

（一）知识要素

在知识经济中，知识（或脑力劳动投入）已经成为第一要素，生产知识或知识产品中更是如此。当然，生产知识或知识产品还需要投入非脑力劳动、资本、仪器设备等物力条件。对于自然科学研究成果生产来说，主要需要投入是已经取得的自然科学知识和研究者的脑力劳动，加上必要的实验设备仪器与条件；对于社会科学研究成果生产来说，主要需要投入是已经取得的自然、社会科学知识和研究者的脑力劳动，加上必要的调研与计算工具；对于高新技术生产来说，主要需要投入是已经取得的自然科学知识和技术知识，以及研究者的脑力劳动，加上必要的实验设备仪器与条件；对于高新技术产品生产来说，重要的是投入高新技术产品、工艺、流程设计，其他投入与普通产品相同；对于知识服务咨询提供来说，主要需要投入与咨询内容相关的各种知识和脑力劳动（咨询时间），以及简单的办公条件；对于文化产品生产来说，其原件生产主要需要投入生产者的工作时间（脑力劳动），以及简单工具和必要生活考察与体验，但其产品化生产则主要投入文化产品原件，其他投入与普通产品相同。

（二）知识要素边际收益递增规律

在传统经济学中，在一定技术水平和条件下，随着某一要素投入量的增加，其边际收益是递减的。但在知识经济中，知识成为第一要素，并且它的边际收益是递增的。为什么呢？

1. 新知识要素投入

在非知识要素配置过程中，之所以其要素边际收益是递减的，是因为在给定技术水平下随着这种变动的非知识要素投入量的增加，固定的非知识要素投入量不足，或者说变动的非知识要素投入量过剩。也就是说，至少有一种要素没有实现物尽其用。加之，由于技术水平一定，即任何一种要素投入量不可能为零，这种情况加剧了这种要素没有实现物尽其用的程度。特别注意的是，这里投入的要素是不变的，变化的是投入的要素投入量。

现考察随着知识要素投入的增加，其边际收益如何变化？注意，这里投入知识要素投入的增加是指增加新的知识要素投入，而不是原来的知识要素投入量的增加（知识可以重复使用）。正由于增加了新的知识要素（也隐含着技术水平提高），导致等产量曲线向右平移。这说明即使在另一要素（知识或非知识要素）投入不变的情况下，产量增加了。并且，随着投入的新知识不断增加，以及知识可以被重复地使用，产量增加的幅度是递增的。

2. 知识的无限性

知识是一个组织在其配置中的一种无限资源。根据卡尔·埃里克·斯维比的观点，知识具有四个特征：不言自明，以行动为导向，靠规则支撑，并且正在持续变化。一个组织中知识的创造、获取和有效实施已经成为竞争优势的重要源泉。或者说，知识具有鲜明的四个特点：①不寻常的杠杆作用和收益递增——一旦知识已经产生，起始的开发成本将随着产量递增而扩散；②分裂、渗透以及对更新的需要；③不确定的价值——价值常常难以估价；④不确定的价值分摊。因此，一个组织中知识的创造、获取和有效实施已经成为竞争优势的重要源泉。

3. 知识的互补性

人类各种知识之间的经济学关系主要是互补性的而不是互替性的。知识互补性的经济学含义是：知识甲和知识乙单独运用于经济活动时各自获得的收益之和必定小于它们联合运用于经济活动时的收益。这种互补性包括两个方面：①知识沿时间的互补性，即对同一个（个人或群体的）知识传统而言，尚未获得的知识与已经获得的知识之间存在着强烈的互补性；②知识沿空间的互补性，即对不同知识传统（个人的或群体的）而言，各个传统内已经积累起来的知识，通过传统之间的交往而获得强烈的互补性。

知识互补性是收益递增现象的本质。不论如何，要素（资本或劳动）当中包含的知识含量具有与其他要素单位所包含的知识含量的互补性。这一知识互补性产生了所谓"收益递增现象"，后者引发了当代经济学的"收益递增"革命。当要素所有者（资本家和劳动者）意识到他们自身知识与他人知识之间存在强烈互补性时，他们就会意识到潜在的利润机会。这一机会源于这一基本事实：要素联合运用与经济活动所带来的总产出减去要素单独运用于其他生产过程所带来的各自的收益所得的差远大于零。这就是收益递增经济里面的"经济租"。人们通过分工与合作试图获取和分享这一"经济租"。后者为分工与合作提供了强烈的经济激励，这一激励强烈到足以使人们为了分工的好处而自愿放弃离群索居所具有的自由。

4. 知识溢出

新增长理论认为，内生的技术进步是经济增长的唯一源泉。其代表人物罗默（1986年）认为，知识溢出对于解释经济增长是不可缺少的，知识溢出可以提高投资的边际收益，而不像新古典经济模型所预测的那样出现投资边际收益递减的情况，因而能够长期恒定地提高经济增长率。但是，在新增长理论中，它们认为制度创新可能是重要的，且在社会经济发展过程中是不可缺少的，但其关键的基本假定是这些制度创新与经济增长无关。因此，制度和制度创新被视为外生的变量。很明显，这种假定是无法说明制度变迁对生产技术和经济增长的影响的。

5. 知识的物化

知识作为要素，并作为物化为劳动力和资本的质量，使生产函数向右上方移动。因此，知识增加产出是递增的。但这里有一个前提，知识必须物化为劳动力和资本。

第二节　知识产品

一般认为，知识是人类对客观世界的认识、经历与归纳、反映与追求。这里强调两点：一是知识是有主体的，知识是由人创造和发现的，是由人掌握和使用的，也是由人创新和发展的；二是客观世界不只限定在物质世界的范围内，因而知识不只包括自然科学和技术，还包括哲学、人文科学等社会科学。知识和信息、科学技术等概念有联系，又有区别。

知识产品是以知识为基础的、主要依靠人的脑力劳动生产出来的、可供人们使用的知识存在的形态。这里强调三点：一是知识产品主要由脑力劳动产生，"主要"是一个模糊概念，在不同时期有不同的内容；二是知识产品要能使用，因此不包括知识中的隐性知识部分；三是知识产品不一定在市场中进行交易，一般称在市场中进行交易的知识产品为知识商品。

一、知识产品的理解

有了知识，才有知识产品（在不混淆情形下，知识本身就是一种知识产品）。知识决定知识产品，知识产品生产又促进知识创新。同样，知识产品是人类脑力劳动的成果，也可以说是知识化的结果。知识产品生产显著的特点是以知识为最重要的生产要素，知识在生产过程中起着决定性的作用，它在知识产品价值量中占绝对大的比重。知识产品中知识的含量越高，知识的作用与价值越显著。

对于知识产品的概念，可以从两个角度理解。一是从狭义上讲知识产品包括知识，以及用于交易的知识商品，即知识商品化是指知识的转让、许可、复制、拷贝、印刷、演唱、演奏、仿制、临摹等，这是知识产品区分于普通（非知识）产品的本质特点；二是从广义上讲知识产品还包括知识化商品、知识化产品、高科技产品、知识服务。知识化商品是指知识加载体的商品；知识化产品是指普通产品中增加足够知识的产品；高科技产品是指新技术生产出来的新产品；知识服务是指利用知识提供的咨询服务。

知识产品与物质产品的根本区别在于：物质产品的使用价值、价值是由这些产品本身体现出来的，如食品能够充饥、服装能够御寒，是食品和服装本身的功能，单衣不能御寒，夹衣可以抗拒弱寒流，厚衣可以抗拒强寒流，衣服的厚度与抗寒能力是密不可分的；由于它们是劳动产品，有充饥和御寒的功能，因此它们具有价值和价格。知识产品有知识与载体之分，知识没有载体就不能形成知识产品（值得提及的是，隐性知识、显性知识的载体都可以是产品。对于隐性知识来说，此时体现为技术诀窍或商业秘诀）。知识产品的使用价值、价值、价格，一般是指知识，不是指载体，例如，一种软件的价值和价格，基本上是由其中所包含的知识决定的，软盘（载体）只占价值和价格的极小部分。当然，在核算时要考虑载体。一方面载体所占价值比例小；另一方面载体的核算不存在问题，但知识的核算是一个十分困难的问题，至今还没有解决。后面，我们会讨论这个问题的。

二、知识产品分类

同知识划分一样，不同的专家对知识产品划分也不同。

（一）六类划分[1][2]

这是基于我们对知识的划分以及对知识产品的理解所做出的分类，把知识产品划分为：知识、知识商品、知识化商品、知识化产品、高科技产品、知识服务。知识和知识商品没有产量概念，而知识化产品有产量概念、知识化商品、高科技产品、知识服务有"产量"—广义产量概念。这样便于知识产品需求与供给等决策分析。

（1）知识：这类知识产品划分为科学知识与技术知识。对于这类知识产品没有产量的概念，或者说它的产量是1。也就是说，这类知识产品只生产一次，具有独一无二的特点，可以称之为原件。如一部《日心学》、《相对论》和《量

① 在《知识经济讲座》（人民出版社1998年4月和8月）、《知识经济概论》（中央传播电视大学出版社1999年8月）中，我们将知识产品分为四类：纯学术知识产品，制度、组织、管理创新成果，技术与物质产品，文艺作品；在《知识经济讲座》中，还把"克隆人"列为一种知识产品。
② 按需要用途，张守一将知识产品分为五类：第一类是纯学术知识产品，以论文和专著为表现形式，满足学术需要。第二类是制度、组织、管理创新成果，满足工作需要。第三类是技术与物质产品，包括劳动者积累的经验和能力，满足物质需要。第四类是文艺作品，满足娱乐需要。第五类是"克隆人"，满足人类"长生不老"的需要。

子力学》，一部《资本论》《毛泽东选集》《邓小平文选》，一部《红楼梦》、一份《中国能源可持续发展战略》研究报告、一部《罗密欧与朱丽叶》剧本、一幅《蒙娜丽莎》绘画、一首《茉莉花》乐谱、一份《节能型汽车》技术设计原理、一套计算机程序、一份同仁堂《六味地黄丸》配方等。这类知识产品在知识产权保护下可以被大量印刷或多次交易满足社会需求。

（2）知识商品：用于交换的知识就是知识商品。知识只生产一件，为满足社会对知识的需求，在知识产权保护下进行转让、许可交易的知识。并且，只要有需要，这种知识可以进行多次交易。就目前来说，知识商品主要是技术商品和艺术商品，技术市场比较成熟，技术交易量巨大。严格地讲，这类知识产品没有产量概念。但我们认为应把转让次数、许可次数等作为它们的产量。可见，这类知识产品实现了知识价值，并获得知识回报。

（3）知识化商品：这类知识产品划分为自然与人文社科知识化商品、文化艺术知识化商品和技术化商品。它们是为满足知识传播、交流与共享的需要而进行的复制（仿制、临摹）、印刷、拷贝，如一部专著的出版、一篇论文的发表、一部小说的出版、一份研究报告的印刷等；或为满足人们文化艺术享受而进行的印刷、临摹，如一幅画的印刷、一首乐谱与歌词的出版、一幅壁画的临摹、一首曲谱的演奏、一首歌曲的演唱、一幕舞蹈的表演、一部电影的拷贝等。

根据市场需求，可以多次进行这种复制、印刷、拷贝，或演奏、演唱、表演。并且，复制数量、印刷数量、拷贝数量，或演奏次数、演唱次数、表演次数就是它们的产量。可见，这类知识产品实现了知识价值，并获得知识回报。在莫言获得2012年度诺贝尔文学奖后，他的获奖小说《蛙》，以及其他小说被再版海量增值发行，取得了巨大的经济效益和社会效益。

对于知识来说，知识商品与知识化商品的区别在：前者将知识直接转让、许可交易，后者将知识加入载体生产后提供市场。

诸如文化产品就属于知识化商品，如出土文物、历史典籍、小说、剧本、电影、电视剧、歌曲、相声、小品、棋谱、绘画、书法、雕刻等，并且许多文化产品可以分为创作和表演两类，虽然演员的表演要以剧本为依据，但表演本身也是创作。

如技术原理、新技术、新工艺、新配方、计算机软件、新设计方案、窍门、点子等，依据专利法建立技术交易市场把它们商品化，既保护创造者权益，又促进知识共享，造福社会。

（4）知识化产品。这类知识产品是指普通产品的知识化，如杂交水稻、太空蔬菜、绿色食品、太阳能汽车等。它们是在原产品的基础上投入了新的知识（知识含量显著提高了）而增加了产品功能，或提高了产品质量与水平，或延长了产品寿命，或提高了产品有效性、稳定性与安全性，或节约了资（能）源，减少了污染，保护了生态环境，提高了生产力水平。它们与普通产品一样有产量概念。

对于这类知识化产品，关键问题是物质产品被知识化到什么程度后才称得上知识产品，或者说物质产品中的知识含量达到多高才成为知识产品。有的学者认为，知识对任何一种新产品价值的贡献率超过了50%，这种产品就是知识产品。这里有两个问题，一是贡献率的阈值50%值得讨论，55%、60%、65%等是否也可以作为阈值，这样做的根据是什么？另一个是贡献率根据什么理论计算的，如果是依据传统的生产函数理论计算的，那么这样计算出技术进步的贡献率不能作为区分物质产品与知识产品的指标。因为在传统的生产函数中，生产要素被综合为劳动力和资本，而知识没有作为一种独立的生产要素被纳入生产函数。这显然没有抓住知识产品生产与物质产品生产的本质区别，知识在物质产品生产中也起作用，但还不足以起决定性的作用，成为独立的生产要素；而知识在知识产品生产中所起的作用足以大，使它成为最为重要的生产要素。因此我们认为，要解决这两个问题，关键是研制出含知识作为生产要素的生产函数。到目前为止，这方面的研究还在进行，尚未取得令人满意的结果。

（5）高科技产品：以高科技为基础的物质产品。目前所说的高科技，主要是指生物技术、电子和微电子技术、计算机技术、空间技术、新材料、新能源、激光技术、海洋开发技术等，这些知识产品不仅科技含量高，而且需求量大，具有诱人的经济效益和广阔的发展空间。

这类知识产品是指高新技术产品，如卫星、飞船、月球车等。与知识化产品不同的是，它们是利用新知识被创造出来的新产品（品种），满足社会新的需求。同样，它们有产量的概念。

（6）知识服务：这类知识产品是指利用知识所提供的知识咨询服务，如专利事务所、会计事务所、法律事务所、资产评估中心、管理咨询公司、文物鉴定委员会、认证中心、成果鉴定中介机构、血液检测中心等所提供的服务咨询。它们结合不同企业和个人的实际情况，创造性地应用专利、会计、法律、资产评估、管理、考古、认证、技术、医学及其相关的知识提供咨询服务。例如，律师、会计、审计、资产评估、教育、保健、预测、管理咨询等，他们利用所掌握的专门知识为个人、集体（企业）、政府提供服务，解决它们所遇到的各种问题，本质上是知识产品的利用。为企业和政府提供的知识服务，是知识产品的生产利用；为个人提供的知识服务是知识产品的最终利用。

与知识化商品一样，我们把所提供的咨询服务业务量作为它们的产量。可见，这类知识产品延长了知识价值链，实现了增值。

知识是知识产品的本质，它与知识化商品、高科技产品、知识服务都是主要的知识产品，它与普通产品的联系体现在普通产品的知识化上。

（二）硬知识产品与软知识产品

按照物质性质，知识产品还划分为硬知识产品和软知识产品。硬知识产品是知识含量较高的、高技术的物质产品，包括信息技术（计算机技术）产品、生物技术产品、新材料技术产品、空间技术产品等。软知识产品是软（科学）知识的产品，主要不以物质产品形态为特征，如著作、无形资产、信息服务等。

（1）硬知识产品包括①：

①信息科学技术。信息与物质和能源不同，物质和能源是消耗性的，而信息则是越用越多，可实现自增殖的积累。与物质和能源相比，信息既是劳动者的输出物，又是劳动者观念的输出物。由于任何人的劳动能力都是"体力和智力的总和"，因此信息既是物质生产力，又是"精神生产力"；信息既可压缩，又可扩散，既可以光速传播，又可以渗透到其他各个学科和各种劳动资料中去。它使接受者得益而给予者未受任何损失。它在时间和空间上创造了人类共享精神财富的客观条件，是使今天世界变小了、科学变大了的主要原因。信息是促进传统产业从扩大外延到增加内涵的主要变革因素。所谓增加内涵，主要是指增加产品中的知识密集程度，它直接反映在产品的价值和价格的差异上。这正如马克思所指出的："随着大工业的发展，现实财富的创造较少地取决于劳动时间和已耗费的劳动量，较多地取决于在劳动时间内所运用的动因的力量，而这种动因自身——它们的巨大效率——又和生产它们所花费的直接劳动时间不成比例，相反地取决于一般的科学水平和技术进步，或者说取决于科学在生产上的应用。"近代科技成果转化为生产力的过渡期越来越短，这也充分反映了劳动资料信息属性的特点。从机械滚动摩擦原理到滚动轴承历经 410 年（1490 ~ 1900 年）；从照相原理发展为照相机历经 112 年（1727 ~ 1838 年）；从有线电信到电话历经 56 年（1820 ~ 1876 年）；从无线电信传输到无线电收音机历经 35 年（1867 ~ 1902 年）；从大功率电磁波定向反射机理到雷达历经 15 年（1925 ~ 1940 年）；从原于核裂变到原子反应堆历经 10 年（1932 ~ 1942 年）；从半导体理论到晶体管历经 5 年（1948 ~ 1953 年）；激光器由实验室到第一台红宝石激光器不足 1 年（1960 年）。在各学科中，以信息技术的知识更新最快，而以通信和计算机

---

① 知识经济在生产中以高技术产业为支柱。"高技术"是 20 世纪 80 年代出现的一个英文专用名词，由于这些技术具有科学和技术融合的特性，所以又被称为"高科技"。按联合国组织的分类，高技术主要有：信息科学技术、生物科学技术、新材料技术、自动化技术、激光技术、航天科学技术、新能源技术和管理科学技术（又称软科学技术）等。

技术的更新速度最为突出。由此可见，劳动资料信息属性是当代生产力发展中最活跃和最具有变革作用的。因此，劳动资料信息属性的发展程度将成为现代社会生产力发达程度的测量器。劳动资料的信息属性的增长是使科学技术成为第一生产力的主要原因。

信息技术产品建立在微电子技术和计算机技术之上，以微电子技术为中心的技术革命，成为 20 世纪最为令人瞩目的一次技术革命。过去的工业技术革命，都是为了把人类从繁重的体力劳动中解放出来，是人类体力的增大与外部器官的延伸；而这次技术革命是把人类从繁重的脑力劳动中解脱出来，是人类脑力的增大。原来的自动化生产只能进行简单的控制。可见，这次技术革命把信息技术运用于生产过程，已经引起整个社会劳动工具的质的飞跃。它不仅面向工业和国民经济其他部门，也面向社会在广度上，还是在深度上，都大大超过以往任何一次技术革命。

而建立在微电子技术产品上的计算机产品，则把人类带入了一个全新的以信息的传输、网络的运用为特点的信息社会。可以这样说，人类在 20 世纪科学技术上的一项辉煌成就就是计算机的问世。计算机在几十年的发展过程中，对于社会生活各个方面的影响是极为深刻的，以及对 21 世纪产生了积极重大影响。一是大型机的发展已从单纯靠元器件提高速度、缩小体积，发展到同时改变设计思路、方法，改变机器内部结构。大家一致公认，多处理器并行处理是大型机的发展方向。这样对单个处理器的速度要求可以不再提高。当然并行处理有复杂的结构和连接接口问题并会有一定损耗，要从设计技术上来解决。目前已做出有上千个处理器并行工作的计算机，其速度达到数万亿次/秒。二是计算机在发达国家中大量进入家庭。如美国 100 户家庭中已有计算机 30~40 台，但离完全普及还有距离。其他国家，特别是发展中国家当然还会有相当时日。计算机的发展也有两种趋向，一种意见认为计算机应充分发挥技术优势，增强其功能，使其用途更为广泛；另一种意见认为家庭中使用的计算机不能太复杂，应简化其功能，降低价格，使其以较快的速度广泛进入家庭。看来两种意见各有道理，可能会同时发展。有些公司已提出网络计算机的设想，即把计算机本身大大简化，大量的功能通过网络来提供，这样可降低本身造价。三是随着计算机数量越来越多，以及计算机广泛应用，网络化是个大趋势。一种是专业管理网络。国家的管理部门或者大企业集团有大量的机构要连成一体，如美国的 NASA 有上万台计算机联成网络。当然一个单位一栋大楼内的局域网就更多了。另一种是社会公用网络把各个计算机或计算机网连接起来达到资源共享（包括存储的信息资源和计算机的运算功能资源、软件资源）。这方面最典型的就是 INTERNET 网，目前已有几万个网，几千万用户与之相连接。四是软件早已成为一个独立的产业，其产值已超过硬件。首先是语言从最初枯燥无味的机器语言发展成为高级语言，并且越来越向人类自然语言靠近。软件系统中由于联网兼容的需要，基础软件越来越标准化。目前微软公司的视窗软件（Windows）系列的地位愈显突出。至于应用软件则随着应用领域的不断扩展，呈现琳琅满目、一派繁荣景象。从事开发的人员、机构越来越多。例如，各行各业的 CAD 软件就非常繁多，数量难以说清。五是人机界面越来越友好。所谓友好，就是使用越来越方便。相当时期内计算机由于使用的复杂性只能由专业人员来操作，这就大大影响了其普及程度。随着办公自动化的发展，一般白领人员都要直接操作，因此使用方便是个关键问题。目前从键盘输入到鼠标，触摸式、书写式的发展，从依次查询到菜单式、多层菜单的查询都已大大简化了使用程序。对于家用计算机，这一点尤为重要。除了上述五个方面之外，最令人瞩目的是第五代计算机的开发，这就是计算机的智能化，或者叫作智能计算机的开发。第五代计算机的开发，是以人工智能、神经网络与量子计算技术研究为核心和基础的。大家不会忘记曾一度被媒体炒得火热的世纪之战，由 IBM 的深蓝大型计算机（Deep blue）对世界特级大师卡斯帕罗夫，最后 Deep blue 不负众望，成了信息界的一代新宠，Deep blue 可以说是知识产品的典范。

②生物技术产品。生物技术已成为 21 世纪的主要技术。因为生命科学发展带来的不只是将科学幻想变成现实，更可能是一场新的工业革命。生命密码的破译引发了科技界对胚胎物质和基因移植的极大兴趣。全世界正在兴起生物技术研究的高潮，而且取得了重要的进展。世界在转基因植物方面的研究有了很大的进展。这个研究就是要使得当前的植物能够高产、优质和抗逆。通过生物技术工程，改变植物的品种，提高单产。现在已经有不少抗病、抗虫害的转基因植物、耐盐性的转基因植物，包括将植物变成工厂的原料，如将生产塑料的基因转移到植物种中，使树上长塑料的梦想成真，使生长出可以分解的塑料成为现实。如 1978 年联邦德国的植物品种，地上结西红柿、地下长土豆；美国基因重组的新细菌叫抗霜菌，将它撒在植物上就可以抗霜冻。在动物方面也一样，如欧洲可生产一种特殊的猪，可以发出咖啡的香味；英国有一种山绵羊，其奶里可产生凝血的"9 号凝素"，这对白血病患者是一个福音；芬兰有一种价值连城的医用奶牛，这种奶牛能产生含有大量细胞生长因子的牛奶，可以治疗严重的贫血症，而红细胞生长因子每磅 8000 万美元，这种奶牛每年可生产 80 公斤；1993 年，美国还首次利用了人工肝（由猪肝细胞做成）。英、美还发现了控制动物和人体成型的基因，能够令正在发育中的胚胎细胞改变走向，如把大拇指变成小拇指，只要把合适的基因放上去即可。1993 年 10 月美国还首先分裂了人的胚胎细胞，这就表明"制作"和一个人完全相同的孪生人是有可能的。这种

技术用在人身上就等于"人造人"。英国的"多利"羊已经使这种可能大大增加。生物技术的发展也会应用到电子信息产品中。例如，利用乌贼和沙丁鱼加上内脏的胆固醇、脂肪酸，就可以制作一种天然液晶，这已经用在彩色电视和计算机上。在美国市场上还出现了一种能够测试鱼肉鲜度的生化晶片。人的嗅觉和它相比就差远了，它能闻出消费者觉察不出来的腐败和异味。

因此，如果说 20 世纪是信息世纪，那么 21 世纪就是生物科技世纪。

③新材料产品。材料是人类文明进步的重要标志。人类社会的发展历史，往往以材料作为里程碑。人类经过了以石头为标志的旧石器时代和新石器时代；以烧制黏土为标志的陶器时代；以铜锡合金为标志的青铜时代；以冶铁为标志的铁器时代。这些都说明材料在不同时期的重要性并以材料来命名时代。

无论哪一代新技术的形成和发展，很多都依赖于材料工业的发展。在现代文明社会中，高技术的发展，更是紧密依赖于新材料的发展。因此新材料的研究、开发与应用反映着一个国家的科学技术和工业水平。20 世纪 40 年代，英国、美国对原子能材料的研究与开发给予高度重视，在曼哈顿计划中专门设立了有关材料的研究与开发机构，并取得了很大的突破，保证了原子武器的研制成功，促进了核能技术的和平利用，从而核电成为当今重要的能源。由于集成电路的发明与发展，使计算机小型化、功耗低、可靠性高、价格又便宜，从而使计算机普及到世界每一个角落、每一个领域，使人类文明产生了一个飞跃，成为人类进入"信息时代"的里程碑。毫无疑问，如果没有现代半导体材料的出现，计算机的普及运用是不可能的。信息传输是信息时代的另一个关键环节。通信一般采用微波和电缆来传输信号，可是自 1976 年在理论上提出用光波进行通信以后，在 1976 年国际上出现了第一条实验性光纤通信线路，目前已经发展为主要信息传输方式、长途通信用的是石英纤维，短距离信息的传输用的是塑料纤维。光缆通信有许多好处：一是容量大，它比金属导线的容量高出千百倍；二是原材料消耗低，每公里只用石英光纤 10 克，而金属电缆要用铜和铅若干吨；三是中继站可大大减少，目前中继距离在 10 公里以上，如果光损耗进一步降低，有可能达到千公里，而同轴电缆的中继距离只有 1.5 公里；四是保密性强。这一实例足以说明新材料在通信产业中的地位和作用，磁性材料是在现代化社会中不可缺少的材料。在电子学方面，做成超导量子干涉器（sQUID），用于电磁测量具有极高的灵敏度，可测出极弱的磁场，因而可用于金属材料的探伤、探矿；用于医学，可检测微弱的生物磁效应，可诊断脑病和心脏病；用于电子开关，耗能只有一般半导体的 1‰，但有 10 倍的速度，很有发展前途；在红外探测和微波器件方面也有广阔的前途。在强电流方面，超导的用途则更广泛，凡是需要通过大电流而形成强磁场的地方，超导材料都有用武之地，如用于磁共振装置的制造，高能加速器、磁分离，悬浮列车都有重要应用前景。它是磁流体发电及受控核反应装置的重要组成部分，作为超导电机，不但容量可以增大，更提高了效率。

④航天科学技术。空间技术的开创和发展是 20 世纪最引人注目的成就之一，自 1957 年苏联发射第一颗人造卫星以来，进入空间的飞行器达 4000 多颗，其中绝大多数是苏联和美国发射的。此外，欧盟、中国、日本、加拿大、印度等也发射了自己的飞行器，空间技术领域具有一定规模。几十年来空间技术的巨大成就主要体现在以下 4 个方面：

——运载工具。人类探索空间、开发空间，其前提是要把飞行器送上天，并使它具有足够快的速度，才能实现预定目标的航天活动。把飞行器送上天使它具有一定的速度靠的是运载工具。运送飞行器的主要运载工具目前多采用一次性的运载火箭；另一种运载工具是能多次使用的航天飞机。利用航天飞机可以实现飞上空间完成任务后飞回来，下次执行任务再飞。

——人造地球卫星。人造地球卫星的发射成功是空间技术的重要成就之一。由于卫星对社会、经济、科技和军事具有重要的价值，因此研制和发展人造地球卫星普遍受到各国的重视，发展速度很快。典型的人造卫星主要有 5 种：国际通信卫星、资源卫星、气象卫星、导航定位卫星、军事卫星。

——载人航天。载人航天是 30 年来航天成就的重要组成部分。在第一颗人造地球卫星上天后，为了政治上的需要，美国和苏联都在争夺第一个载人飞船上天，第一个宇航员登上月球等。据统计，至今世界共有 400 多人次（航天员）上过天。从总的方面来说，在近地载人航天方面。苏联略微领先，在空间停留的时间最长达 1 年。

——深空探索。探测太阳系各大行星（包括地球）及其周围的环境具有重要意义。多年来，世界各主要航天大国共发射了 100 多个探测器对深空进行探索，并取得重大进展。在对地球周围环境的调查中，发现了内外辐射带，了解了地磁场的分布情况，同时还对各大行星的周围环境及其小卫星进行了初步探测，发现了小卫星、大气环等，取得了较好的成绩。

（2）软知识产品主要包括：

①无形资产。资产有有形资产和无形资产之分。有形资产，如厂房、机器、原材料等固然是经济条件必不可少的条件；无形资产，如商品的品牌、企业的管理水平、企业的创新能力等，也是进行经济活动所必需的。

知识经济是以无形资产的投入为主的经济。与传统的工业经济需要大量的资金、设备不同，知识经济对有形资产的需求已退居次要地位，更主要的是对知识、智力的需求，所以说，在知识经济中，无形资产的投入起着决定性作用。

无疑，知识经济也需要资金的投入，对于高技术产业来说甚于需要风险资金的投入；知识经济也需要一定的物资设备，甚至是比较先进、比较精密的设备，所以，知识经济也需要一定的有形资产作为存在和发展的基础。但是，按照辩证唯物主义的观点，在影响事物发展的诸多矛盾中，总有主要矛盾和次要矛盾之分；在同一个矛盾的诸多因素之中，也总有矛盾的主要方面和矛盾的次要方面之分。次要矛盾和矛盾的次要方面只能影响事物的发展变化，而主要矛盾和矛盾的主要方面才是决定事物性质的关键。对知识经济而言，资金、设备等有形资产只是矛盾的次要方面和次要矛盾，真正决定知识经济、决定高技术产业性质的是无形资产。可以说，如果没有更多的信息、知识与智力的投入，它就不能算是高技术产业。所以说，无形资产是知识经济的主要矛盾和矛盾的主要方面。正是在这个意义上，我们认为，无形资产是更重要的知识产品。

仅以人们比较熟悉的信息产业为例。信息科学技术的发展所带来的信息技术革命推动了信息化的进程，使信息产业迅猛发展，信息经济也初步形成，其所产生的新的生产力已创造了巨大的经济增长，成为推动现代市场经济发展的强大动力。信息产业是当今世界发展极快且最有前途的新兴产业。发达国家越来越重视领导世界新潮流的高科技领域，特别是21世纪具有战略意义的信息技术产业和密集应用信息技术成果的服务性产业，如电讯、媒体、金融等。事实上，信息技术和产业的蓬勃发展已成为西方经济增长的引擎。美国正是由于信息技术上的优势，在向知识经济转型方面处于领先地位，其一度长期处于停滞状态的经济终于再现生机，近几年一直保持稳定的增长率，再度成为全球经济增长的"领头羊"。

信息技术革命不仅推动了信息技术产业，而且大大促进了生产方式的变革。工厂自动化、办公自动化和家庭自动化的"三A"革命正在加速，使人们从大量烦琐的、沉重的劳动中解放出来，并通过周到而多样的电子服务方式，支持人们的创造性劳动。这不仅满足了人们的物质生活需要，而且极大地丰富了人们的精神生活。信息化从数字化、网络化到智能化，所以有人说，谁占领了信息技术发展这个高地，谁就能在新一轮的全球技术竞赛中处于领先地位，就能稳操未来世界经济竞争的胜券。

所以说，无形资产，尤其是知识、智力资产是更为重要的知识产品。据统计，美国目前许多高技术企业的无形资产已超过了总资产的60%。面对全球竞争的时代，我们要发展知识经济，就必须重视无形资产的投入。

②信息服务业。随着Internet的兴起，信息服务发展到了一个新的高度，通过网络进行的信息服务包罗万象。从电子商务到网络营销，从数字化货币到电子金融市场，网络可以圆一个周游世界的梦想。而且网络充满商机，通过网络服务造就了雅虎（YAHOO）和网景（NETSCAPF）公司这样的业界巨人，知识

的载体说到底就是信息，包括文字、声音、图像等。通过计算机网络和通信等信息服务方式，创造了人类新的文明。

③掌握现代知识的人。知识经济时代对人的能力提出了特殊要求。一个人不仅要掌握本民族通用语言，也要掌握世界语言、计算机语言；不仅要掌握专业技能，而且要掌握网络技术。否则，个人的活动和交往将受到语言和技术的约束，甚至难以就业。因此，联合国教科文组织给文盲进行了新的定义，即现代的文盲是指不能识别现代信息符号，不能应用计算机进行信息交流和管理的人。这反映了随着知识的不断更新、技术进步，社会和经济系统对人的素质提出了全新要求。如果不能满足社会发展的要求，个人就可能失业。如果长期不能获取新知识，甚至有沦落为"乞丐"的可能。另外，知识经济时代是一个充满创造力的时代，对个人来讲，要想获得较稳定、较高的收入，就必须开发自己的右脑，培养和激发创造能力。从根本上来说，掌握了先进科学技术的人是最昂贵的知识产品。

（三）生产资料类知识产品和生活资料类知识产品

按生产属性，可以分为生产资料类知识产品和生活资料类知识产品。生产资料类知识产品是可以用来再生产知识产品的，是知识产品的生产资料或投入要素，如科学技术原理、高技术产品生产线等。生活资料类知识产品主要是供人们直接消费的知识产品，如影片、某企业的发展规划等。

由于知识产品的无界性和复杂性，每一种分类方法都不是完善的；而且在每一种分类方法中，一些知识产品是不易归类的。例如，某知识产品可以称为硬产品，也可以称为软产品。重要的不是对某种知识产品精确分类，而是通过在相对精准分类下能进一步研究知识产品的规律。

第三节　知识产业

我们认为，知识产品发展到一定程度后，形成一个知识产品群，这就是知识产业，如发达国家中已经出现的软件开发业、咨询业、电子商务、信息服务业等，实际上20世纪60年代美国学者马克卢谱就曾将知识产业分为五大类：研究开发、教育、信息设备、信息服务和通信。

一、知识产业群

近年来掀起的全球信息革命，由数字化、网络化到智能化，引发了全球知识产业大崛起。概括起来，目前主要出现了知识产业 8 大产业群。

（一）科学技术产业群

科学技术产业群是以生产、销售、消费、发明、发现、设计和技术工具为主体的知业集群，构成知识产业的第一产业群，也是知识产业的基础性的主体，它为人类社会的文明进步提供动力源泉，现代科技产业已成为现代世界经济、社会、文化的火车头。

（二）信息情报产业群

信息情报产业群，由信息咨询、信息经济、信息技术、信息流通等信息情报业组成，构成知识产业第二产业群。信息产业将成为知识产业的支柱性产业和主导性产业，信息产业将是人类社会发达程度的尺度。信息业的出现，正如当年制造业的出现一样，正在彻底地改变着人类社会。

（三）文化创意与教育产业群

文化创意与教育产业群，是生产、传播文化和知识信息的知业群体，尤其是生产知识的创造者人才大军。人才的生产，使文化教育产业成为最大的产业之一。今天，全球性的文化教育如潮涌现，各大公司都在办自己的全球人才生产基地，这已成为当代世界的新时尚。而英国、美国、澳大利亚甚至兴起了出口教育的产业。

（四）传播娱乐产业群

传播娱乐产业群是集文体娱乐、大众媒体、商业服务于一体的新兴知业集群。由于未来的娱乐带有极大的传播特征和服务特征，因此，传播娱乐业已发展成为全球最大的产业之一。今天，世界发达国家正在由出口商品转向出口娱乐、出口服务，正像出口商品、资本被出口思想、知识文化所取代一样。随着知识革命的爆发，人类的全球时间、全球空间、全球收入都急剧膨胀。而且，大量结构性过剩的劳动力、人才也只有向服务娱乐业转移，才可以稳定地渡过结构性大革命伴生的社会危机。

（五）智能智慧产业群

智能智慧产业群以生产智能智慧为主，包括生物工程、基因工程、脑业工程和人工智能、人工智慧，也有可以帮助提供智能和智慧的行业和商品，作为知业智业、智能智慧产业将越来越被人们所重视。如今，智能智慧业正在遍及人类社会各个领域。

（六）规划管理产业群

随着知识产业的大顺起，将出现知业、信息业与各行各业的全息组合，因此，对于这种组合的规划管理产业便应运而生，就像当年工业向各行各业泛化一样，管理、规划也逐渐职业化、职能化，例如，物业管理、资产、信誉评估等大量涌现，管理规划越来越重要了。

（七）咨询策划产业群

咨询策划产业群是生产调查、生产数据、生产点子、包装生产形象和制造流行、制造 CIS、制造市场、制造消费的产业，随着服务业、信息业和知业的兴起，它的重要性越来越广为人知，甚至出现策划引导生产的潮流。今天，大公司找"外脑"，政府求"智囊"也已在中国形成了潮流。

（八）思想设计产业群

思想设计产业群以各种各样的思想库、思想银行和战略库为代表，专门从事知识生产、信息制造、思维的生产和制造、生产战略战术、生产谋略方略、生产政策文献，它与咨询策划业一起被形象地称为脑业，是知识产业的典型代表。

二、知识产业分类

（一）3 大部门

综合以上 8 大产业群的划分，仿照波拉特对于信息产业的分类，张守一可以把知识产业划分为 3 大部门：知识技术生产部门、直接知识部门和间接知识部门。

科学技术产业群、信息情报产业群属于知识技术生产部门。知识技术生产部门的任务是生产创造、生产、传播、使用知识产品的产品。这类产品是知识产品中比重最大的一部分，主要包括计算机设备、通信设备、高新技术设备和服务等。

文化创意与教育产业群、传播娱乐产业群、智能智慧产业群、规划管理产业群、咨询策划产业群、思想设计产业群大致属于直接知识部门。它们是在知识经济生产要素的支持下，处理企业、社会和家庭生活等各个方面知识活动的部门。直接知识部门有两个基本特征：一是生产活动的成果是知识产品；二是生产活动的成果作为商品在市场上进行交换。按照知识产品的用途又可以分为两类：一类知识产品用于经济活动中，如规划管理产业、咨询策划产业等，它们的产品直接服务于企业或其他组织的生产需要；另一类知识产品用于非经济活动中，如传播娱乐产业等。而文化教育产业、智能智慧产业的产品则一部分用于经济活动，另一部分用于非经济活动。

间接知识部门是相对于直接知识部门而言的，它的性质和作用与直接知识部门相类似，但它的活动组织形式则附属于农业、工业和服务业等部门。因此，间接知识部门是非知识产业生产活动中的一个环节或组成部分，其产品在非知识产业内部生产并在其内部使用，如大中型企业内部的研究和开发部门、职工教育部门等。间接知识部门的产品与直接知识部门的产品没有根本区别，唯一的不同之处是产品的交换形式不同：前者的产品不通过市场进行交换，只供依附产业内部使用；后者则提供产品交换供其他产业使用。

（二）六大产业

我们认为，知识产品发展到一定程度后，形成一个知识产品群，这就是知识产业。

根据我们对知识产品的划分，把知识产业一般地划分为六类：知识创新（研发）产业、技术交易产业、文化创意产业、知识产品制造业、高科技产业、知识服务产业。①对应于知识的知识创新产业，从事研究与开发、技术创新等；②对应于知识商品的交易产业，从事知识转让、许可等（目前只有技术交易产业比较发达，而非技术的知识商品交易产业还处于起步阶段）；③对应于文化艺术知识化商品的文化创意产业，从事印刷、出版、会议、教育等，以及从事影视、音乐、绘画、舞剧等；④对应于知识化产品的知识产品制造业；⑤对应于高技术产品的高科技产业，如信息科学技术、生物科学技术、新材料技术、自动化技术、激光技术、航天科学技术、新能源技术和管理科学技术产业；⑥对应于知识服务的知识服务产业，如各种知识服务中介机构。

三、知识产品的投入产出分析

知识产品的投入产出分析，实际上是针对知识企业来说的。这种技术只适用于分析生产多种知识产品的综合企业，不适用于只生产单一知识产品的企业。

到目前为止，投入产出技术是分析各种经济结构最好的方法，表1-1是一家知识企业的投入产出表（数字是假设的）。

表 1 - 1			知识企业的投入产出表			单位：万元
投入	物质产品	服务产品	信息产品	知识产品	最终产出	总产出
物质产品	1643	214	372	233	1589	4051
服务产品	283	122	104	88	367	964
信息产品	375	80	121	81	389	1046
知识产品	266	61	79	54	325	785
增加值	1484	487	370	329	2670	
总投入	4051	964	1046	785		6846

表 1 - 1 中的物质产品，是指第一和第二产业所生产的产品；对于知识企业来说，它不生产物质、服务和信息产品，这些东西都需要外购。

表 1 - 1 中的每行表示一种产品（使用价值）的分配、使用，分为中间产出和最终产出，中间产出是指用于生产物质、服务、信息和知识产品的消耗；最终产出是指用于投资和社会、居民消费的产品。每列表示生产一种产品的投入，分为中间投入和要素投入，后者是指折旧、工资、税金和利润，这四项之和就是增加值。

根据表 1 - 1 提供的数据，可以计算直接消耗系数，即

$$a_{ij} = x_{ij}/X_j$$

式中 a_{ij} 是直接消耗系数，x_{ij} 是投入产出表的中间流量，X_j 是 j 部门的总产出。

在投入产出表的基础上，可以建立投入产出模型，它是由以下等式组成的：

$$\sum a_{ij}X_j + Y_I = \sum a_{ij}X_j + N_j$$

即每种产品的中间产出与最终产出（Y）之和等于其中间投入与增加值（N）之和，也就是每行的合计数等于每列的合计数。

$$\sum \sum a_{ij}X_j + \sum Y_I = \sum \sum a_{ij}X_j + \sum N_j$$

即全部中间产出与全部最终产出之和等于全部中间投入与全部增加值之和。一般地，有

$$Y_i \neq N_j$$

即每种产品的最终产出不等于这种产品的增加值。但

$$\sum Y_i = \sum N_j$$

即最终产出之和等于增加值之和。

在上述模型的基础上，可以推出

$$B = (1 - A)^{-1}$$

式中 B 为完全消耗系数，即生产单位最终产出所需要的全部投入；$(1 - A)^{-1}$ 为逆矩阵。

因此有：

$$X = (1 - A)^{-1}Y$$

这个公式可用于经济预测，在修改消耗系数的基础上，给出 Y 的预测值，可以计算出总产出（X）的预测值。

我们将知识产品划分为六类，可以进一步划分为许许多多的小类，如果需要研究知识产品内部的投入产出关系，可以利用我们开发的嵌入式投入产出模型[1]，它的突出优点是，既可以分析知识产品内部的投入产出关系，还可以分析知识产业与其他产业之间的投入产出关系，并可以将知识产业优化后嵌入全局投入产出表，重新达到平衡[2]。

半个多世纪以来，投入产出技术有了很大的发展，除上面分析的产品静态模型外，还有劳动模型、资本模型、科技模型、地区间模型、动态模型、投入产出模型与其他模型技术的结合。因此，可以说投入产出技术是数据库、显微镜、分析仪、方向盘。在编制投入产出表的过程中，需要收集、整理大量的数据，可以建立数据库；产品、行业、产业之间技术、经济的投入产出关系是紧密相连的，在分析这些关系时可以像"显微镜"那样，把它们放大，揭示这些关系变化的规律性；利用投入产出表和模型，可以分析各种经济问题；在经济预测的基础上，可以制定和执行相应的方针、政策，把握经济运行的方向，取得预期的发展目标。

---

[1] 张守一、葛新权：《嵌入式部门投入产出优化模型》，载《数量经济与技术经济研究》，1988 年第 12 期。

[2] 张守一、葛新权：《中国宏观经济：理论·模型·预测》，社会科学文献出版社 1995 年版。

第二章
知识管理的普适性[①]

第一节 知识管理的现实意义

一、知识管理机遇

在生态文明与和谐社会建设，以及循环经济发展的今天，无论政府、企业、家庭和个人，绿色发展与我们密切相关。从基于绿色设计、绿色制造、绿色物流与销售、绿色消费，到绿色回收循环利用全过程，都体现出生态、低碳、节能减排，实现产品、产业及经济系统循环发展，进而实现可持续发展。面对复杂的经济社会系统，及其相关的海量数据，要实现绿色发展，利用大数据理论、技术与方法是必然的选择。现在我们面临的机遇是：对于海量数据，无论政府部门、社会组织、企业，都需要针对面临的问题加强对相关数据、资料与文献等信息的收集、整理、加工、分析和利用，为解决问题发现、挖掘与提炼出支撑决策的信息。此时，大数据不仅提供数据支持，同时还提供一种结合实际问题处理这些数据的有价值理论、技术、方法和工具。可见，这确实是一个知识管理问题。

实际上，我们认为，大数据的方法（含技术和工具）有广义与狭义之分，传统的统计方法就是广义的，而真正体现狭义的大数据方法应该是全集的方法。我们认为，到现在还没有真正出现这种全集的方法。当然，统计其实就是数据整理加工、提炼分析的思想与工具，统计的功能就是对原数据（非决策信息）

① 参见杜杏叶、刘远颖、王铮. 知识管理具有普适性——《知识管理论坛》专访北京知识管理研究基地主任兼首席专家葛新权教授，知识管理论坛，2016.5

整理加工处理，提炼分析出决策信息（知识），简单地讲，统计功能就是把非决策信息转换为决策信息。

大数据确实是知识管理中最新的方法与工具，同时它也为知识管理注入新的理念与思维，并体现在大数据的个体异质性本质。这要求知识管理尊重个体差异，至少说它为知识管理提供了分析个体差异的思路、方法与工具。

过去我们要对 10 万人组成的对象进行研究，当时认为不必、也不可能（那是没有像大数据这样的工具）对 10 万人中的每一个人都逐一进行研究，而把 10 万人归成一个总体作为"1"，对这个总体进行研究。现在来看，这个"1"太综合了，忽视了 10 万个体之间差异，研究得出的结果与研究对象会出现比较大的偏差，且出现偏差的概率也比较大。

对此，我们认为博弈实验大有作为。博弈实验结合博弈论与心理学实验，研究个体异质性独树一帜，近十几年得到广泛的应用，为经济学研究从微观重新认识宏观（通宏洞微）提供了有效的理论与方法。应该说"以人为本，尊重每一个个体"是我们研究任何问题与工作的出发点与落脚点。因此将研究对象根据差异分成不同类别，对每一类进行认识，找准问题，分析原因，对症下药，才是有价值的。

过去我们只描述这个总体"1"，但你要认识每一个个体是很困难的、似乎也没有必要。现在有了大数据理论、技术与工具之后，依托更为强大的运算和分析技术，我们可以认识这个总体大类，以及细分的中类和小类，这样就能更好地把握个体的差异。通过对这种差异的认识才能真正实现对对象总体的认识。

因此，我们认为大数据的本质是个体异质性。因此，要求尊重人，尊重每一个个体，这也是知识管理的理念。利用大数据信息处理技术便捷而有效，可以更为接近个体异质性差异，这与知识管理的本质是契合的。知识管理尊重人的差异。如我们跟某个人相处，这个人内向不爱开玩笑，我们就要懂得尊重他，而不要去改变他。只有这样我们与他相处才可能长久。只有这样，我们才能谈得上把每一个人学习、应用与创新知识，再学习、再应用、再创新知识的创造性潜能激发出来，通过创造价值服务组织与社会，成就他们自己。

二、知识管理的趋势

知识管理趋势表现在两个方面：一是从大数据到大知识。基于以上这种对于大数据的认识，我们就可以产生出来一些更深远的知识。知识是由人创造的，是人类大脑劳动的成果。不"以人为本"是不行的，不了解人的差异也是不行的。这个人再与众不同，我们也要懂得尊重他，才能跟他合作。我们认为，大数据和知识管理传递出相同的这种"尊重人"、"以人为本"的理念。当掌握了这种知识和认识，我们不管是当领导还是做群众，都能够做到平等对待，相互尊重、相互理解、相互合作。

基于大数据用于内涵个体异质性的海量数据，挖掘产生大知识。例如，过去到医院做胸部透视，只能看到肺的表面有无病变或病灶，看不到肺的内部有无病变或病灶。现代透视技术发展，可以实现对肺内部纵横剖面的扫描，发现有无病变或病灶。因此，大知识是大数据应用的必然结果，这是基于微观数据实现对宏观规律认识的新的途径，也是对知识创新的贡献，为知识管理提供了发展空间，同时提出了新的机遇与挑战。

二是平等管理。在研究知识管理过程中，在过去提出了平等管理概念，定义了职责链的概念基础上，我们有了新的认识。在任何一个组织中，我们认为，大家的分工不一样、履行的职责不一样，全部职责形成一条职责链。每个人在这个职责链中肩负的职责不同，但都是组织职责链上的一个节点，两个相连的节点为一个链条。只有职责链中所有职责（节点），以及职责关系（连接两个节点的一个链条）都发挥作用，组织的任务才能完成。职责链概念把人与他所履的职责分离开，职责不同且有相互关系，但人是平等的。这有利于营造知识创新的文化氛围。比如说在大学，校长行使校长的职责，院长行使院长的职责，教师行使教师的职责，大家都是大学职责链中一个节点，大家所履职责之间的关系是职责链中的链条，大家协同工作才能实现大学功能，但在人的属性上是平等的。大家尽管职责不一样，但大家履职权利是平等的。因此，大家应该互相尊重，尤其在知识创新与知识应用方面是平等的。同一个组织的总职责链，可以有着许多不同的职责链组成。因此，根据组织的目标与功能，选择一个科学合理有效的职责链是极其重要的。

我们认为，未来知识管理的方向是在大知识背景下追求有利于知识创新的平等管理，把职责跟人分离开。在大学里，教师与院长、校长都是平等的，只是他们履行不同的职责。教师履行教师的职责，院长履行院长的职责，校长履行校长的职责，只有大家都履行好自己的职责、各司其职，才能实现大学人才培养、科学研究、社会服务和文化传承工作的重任。在一个企业、城市里，都有一个总职责链。在企业中，总经理履行他的职责，每一位员工履行自己的职责，企业才得以健康可持续发展。在一个城市里面，市长就履行好市长的职责，企业家履行好企业家的职责，市民履行好市民的职责，这个城市越来越好，需要大家的共同努力。在智慧城市建设与发展中，更需要设计与实施科学、合理、有效的职责链。

以前，我们没有将人与职责、人与职责对应的知识分离出来，从而使职责的不对等造成了人与人之间的不平等。在传统上有个误区，出现"我在职责上管着你，我就管着你整个人"的现象。这种强调要管着你，而不是职责链中的所履职责的协同合作。现在应转变理念，这样才能充分地让每个人在宽松的环境中、在没有压力、没有约束的情况下去创新。

所以无论做什么，我们都要尊重人，尊重每一个个体，让大家有共同的目标，在矛盾中协同合作才能共赢。我们认为，知识管理最重要的就是尊重人，在这个基础上才能激发人的创造性。用博弈论来说，就是文化博弈的重要性。也就是说，在博弈中要尊重规则，还要考虑文化，同时要建立补偿机制，对于弱势博弈主体给予必要的补偿，否则这个博弈合作是不可持续的，尤其对于无法选择的弱势博弈主体更是如此。例如，京津冀一体化发展中，河北因地理位置就是这样的主体，在博弈规则下，需要给予河北必要的补偿，才能使协同合作持续下去。

总之，在大数据、互联网与人工智能，以及信息化由数字化、网络化到智能化发展的今天，为知识管理提供了发展机遇与空间，同时也为知识管理提出的新的要求与挑战，这就是知识管理选择抓住机会、迎接挑战，顺势发展的现实意义。

第二节 知识管理理论基础

一、知识经济学

20 年前，我们在中国社科院的李京文、张守一研究员指导下研究知识经济，并且出版了一系列著作，如《知识经济与可持续发展》《知识经济与产业也结构调整》《知识经济与知识产品》《微观知识经济与管理》《知识经济概论》《知识经济学原理》等。张守一老师生前一个很大的遗憾就是，他一直主张将知识经济的表述写入中央或政府文件，但是一直没有实现。直到 2016 年的"两会"政府工作报告中提到了"分享经济"，这其实是知识经济的经济形态。

就经济学与管理学来说，我们认为经济学是管理学的最基础的理论，知识经济学与知识管理学也是如此。从经济学介入到管理学，具有重要意义。因为管理都有一个实践问题，而管理的思想能否提炼出来取决于经济学理论功底和应用能力。经济学这种独特的作用是非常重要的，经济学的基础打扎实了，对于从事社会学、管理学都是非常有必要和有价值的。也就是说，经济学是研究知识管理的基础，否则做知识管理应用和研究是有局限的、甚至有时功亏一篑。

因此，在知识经济时代，基于知识是第一要素，在知识管理研究与实践中，需要经济学，尤其知识经济学理论指导。无论企业知识管理怎么做，最后企业的发展都与国家宏观政策、经济形势与市场走向密切相关，都需要包括宏观、微观经济学指导。

为此，系统掌握知识经济学理论，把握其本质特征是十分重要的。知识经济是以知识为基础的经济，目前有关知识经济学理论尚未形成，但有着一个清晰的理论框架。如在张守一老师指导下，我们提出的框架是：知识经济的生产要素；知识产品的生产、传播、交换、利用；知识产品的使用价值与价值；知识产品的供求、成本与价格；知识经济市场与竞争；知识产业；知识经的发展战略、管理与政策。这个框架基于划清了信息与知识、信息经济与知识经济的界限，系统地阐述了知识、知识产品、知识产业、知识经济等基本概念，论述了知识产品生产者与消费者行为、知识产品的需求曲线与供给曲线、知识产品的创新全过程、知识产品的价值论、与价格，以及知识产品的成本利润分析等。提出了诸如知识经济主要是脑力劳动、智力劳动或新型劳动创造的成果、知识经济最重要的资源是知识、无形资产是知识经济研究重点、知识企业是以知识纽带形成的、知识对经济增长的贡献是内生的、知识经济更加关注高技术中小企业、知识产品的单位成本低、知识产品的价值取决于个人的劳动时间、知识经济中生产资料生产优先增长不再是一条规律、对知识产品供求决定价格的机制失去了作用、知识经济普遍存在边际收益递增、知识经济具有乘数效应、知识经济具有非等价交换性，且交换与分配融为一体，交换与分配过程中使用价值会增加、人类对知识产品的需求是无限的、知识经济的潜在需求转变现实需求主要不是取决于收入，而是个人天赋与勤奋，以及是否愿意转化、知识产品消费不能跳跃、知识经济是网络经济、知识经济的正负外部性、知识产品本质上具有共享性、知识经济中菲利普曲线失去作用、知识产业（第五产业）已经出现、知识经济中将流行生产资源与劳动力相结合的个人所有制、知识经济中创新动力不局限于新市场和企业家精神，还有科研院所与政府和个人、知识经济中，精神驱动的作用将不断增强与扩大、知识经济是可持续发展、知识经济是全球化经济、知识经济更重视"以人才为本"、知识经济将出现有计划的市场经济等认识与观点，为知识管理奠定坚实的理论基础。

二、知识管理学

经济学与管理学在企业应用最具有代表性。企业知识管理以知识经济学理论为指导，开展全面创新的知识管理。

我们发现，国内知识管理搞得好的企业有以下几个条件：一般都是经营比较好的企业、机制上比较完善，产权明晰，有战略眼光，相对来说，大型私企和跨国公司比较多一些。

可见，在中国做知识管理都是顶尖的企业，他们的收入、利润都比较稳定，都是高端的企业，企业家才会站得高，他也有这种要求、能力与精力，也有资金来支持知识管理。知识管理需要长期投入才能见效，短期是难以见效的。一般的国企不怎么做这个，不是说他们没有要求，只是他们的条件与能力有限。但应该要求他们具有知识管理的思想、营造尊重人的文化环境。

在中国很多企业还存在体制机制的问题，还存在着短期行为。一个企业，任何一个组织都是如此。一个领导人在单位里干得年头长了，如10年才可能把这个企业当作自己的事业，才能做出成绩。如果他就干3年，是很难干好的。大学也是这样，校长要把他的理念、思想、规划付诸实施，起码得有些年头，如10年才能见效。

所以许多年之后，你能预见到知识管理会遇到这个问题。知识管理不是"花架子"，而是练内功、增长效的东西。有能力的企业，企业家才有做知识管理愿景，但还需要给他时间。否则因为短期不见效，只能给别人做嫁衣，大多数也不愿意干。此外，有些有能力的企业由于受到体制机制的制约，以及社会环境与评价、市场恶性竞争、企业家精神缺失也不愿做。

我们认为这也跟企业规模有关。华为的知识管理做得非常好，但是一般企业做不到这样。我觉得一般企业搞知识管理，不要追求大企业那种模式，比如像华为那样建立知识库、知识系统等。但是起码可以应用一些知识管理的思想，比如怎么珍视员工、尊重员工，发挥员工的积极性和创造性。

从知识创新来讲，人人具有创新能力。你要给员工一个好的环境、一个轻松愉快的氛围，真正把员工当作企业主人，他才会把自己的聪明才智贡献给你。而且智力劳动和心情是有关系的。一个员工到你这个单位工作，他总希望这个单位好，在这个过程中他自己也受益。一般企业做到这些就可以，具备了这些理念，知识管理就可以做。

其实我们每个人都有创新活动，如每个人都有自己独到的创新方法，但是这个创新方法作用太小，只能为自己服务，不具有普遍性和推广性。如果一个企业能够把某一种创新方法提炼上升到整个企业的高度，那作用就很大了。进而，如果能把企业的创新方法上升到产业乃至社会层面，那么这个作用就会非常大。

20世纪60年代开始，日本的房地产和股市也是如火如荼，大家都把钱投在股市和房地产，但是大家都这么干，而没人干实体经济，最后肯定是泡沫。但是当时京都陶瓷株式合社的老板稻盛和夫就一直坚持做实体经济，他说我这个人就做实实在在的事、挣实实在在的钱。到 90 年代初，日本的经济泡沫破灭，那些从实体经济转向房地产和股市的老板都垮了，而他的坚持成就了两个世界 500 强企业。虚拟经济应实体经济需要而产生，它不能脱离实体经济发展，否则实体经济无法支撑，泡沫破灭就是必然的。

不管怎么说，网络确实是一个技术平台，确实把时间、空间、距离缩短了，这是网络的优势。但是网络毕竟是一个工具，都是电商了而没有实体店，那么网络与实体就失去平衡，更重要的是丧失文化。

我们认为实体店还是要存在的，因为这是一个人与人交流的环境，这是一种社会活动，也是一种文化氛围。如果你让实体店都垮了，那一定是一场灾难，因为破坏的东西太多了。举个例子，妻子要给丈夫买一双鞋，于是他们夫妻带着孩子逛街，这个过程也是培养家庭感情的过程，也是家庭和社会互动的过程，除了买东西的行为之外，还满足了其他的需求，同时会产生其他需求。而如果仅仅是依靠电商，就会破坏很多东西。我认为人有两个属性，一个是自然属性，生老病死，到了什么年龄做什么事情；另一个还有社会属性，如维系家庭、社会、民族。这个属性不应该被破坏。

所以，我们认为国家对于实体和电商，还是应有统筹规划，有所引导也要有所限制。

第三节　知识管理的特征

一、知识的本质

事实说明，研究任何一个问题实际上都是知识应用与知识创新。在研究知识经济时，我们有一个基本观点：什么叫知识？我们认为人类大脑活动的成果才叫知识。自然界、社会上没有的，而是人类大脑产生的才叫知识，知识是人创造的。

我们在研究和解决问题时产生的新观点、新方法、新工具、新模型、新理论等，这些都是知识；制定法律法规、制度与管理办法等也都是知识；制定的规划、计划，以及提出政策建议等也都是知识（产品）。不做知识管理的人，其实也会遵循这样一个程序，而对于掌握知识管理的人来说，应会使这个过程更有序。我们认为，学习知识管理的人，掌握了知识管理的理论、方法与工具，再去研究其他问题就比较专业，很到位，更能抓住知识的本质，这是解决问题的关键。

二、普适性

知识管理的普适性在教育中体现更为明显。我们认为，教育是提供知识服务的，这个服务过程就是一个知识管理过程。值得一提的是，这种知识服务不像普通服务，只要花钱购买就可以获得，如理发或看电影或听音乐会，只要我们买了票，并遵守规则与必要非脑力配合，就获得享受服务。知识服务则需要提供者（教师）与接受者（学生）的脑力互动配合才能实现。现实中，同一位教师、同一堂课，学生获得的知识有很大的差异，这种差异主要是学生给予的脑力互动差异决定的。

无论是国民教育体系，还是继续教育，都需要从知识管理角度进行反思，以利于创新素养与能力培养。

我们认为，人具有自然属性和社会属性。作为一个家庭人和社会人，由于个体需求的个性差异很大，但即使这样，我们在家里，特别在社会上都不能任性。因为我们的一言一行对于家庭、社会都是有影响的。由于资源稀缺，每个家庭，以及社会都为"不要输在起跑线上"背书，结果注重唐诗、技艺、奥数等培养，缺少诸如做人正直、诚实、守信与礼仪等最基本的社会知识培养，独生子女尤为突出，为社会诚信缺失埋下伏笔，这与市场经济的契约与信用是格格不入的。社会知识培养方面更为突出，因此，用知识管理来研究幼儿教育是很有价值的。

回想过去，我们小学上语文课，一篇课文学完了。老师会想学生提问这篇课文的中心思想是什么？以及每一段的段落大意是什么？这其实就是知识管理中的知识发现或挖掘。我们看懂了，并理解了，才能概括提炼出来中心思想或段落大意。目前无论自然科学、社会科学，还是工程技术科学，统计推断是最基本、最有效、最优化的方法，也是知识管理与知识挖掘（发现）的方法，未来的大数据也是如此。在艺术文化领域，美与数，美与形的表达也有规律，如黄金分割法，说明知识管理也是有作为的。

另外，现在的继续教育也有偏颇。终身学习是对的，但是在大环境压力下一味地考证是一种资源浪费。按说获得博士或硕士或学士的毕业生，适应、胜任自己选择的相关专业岗位工作是没有问题的，当然在工作中还需要学习新知识、新技能，但没有必要用考证要求，而需要结合工作实际采取自学学习新知识、新技能，在实践中成长，这是终身学习的一个方面。现在取消了很多考证，我们认为力度还应加大。知识管理要求"干中学"很重要，每个人都有自己兴趣选择的职业，在工作中通过努力，就会成长。终身学习的另一方面，我们认为是闲暇时间的自由学习，每个人根据自己的兴趣爱好选择，有喜欢舞蹈的，有喜欢绘画的，有喜欢读书的，有喜欢旅游的，有喜欢运动的，等等，这样的继续教育、终身学习才有价值，既提高了国民素质素养、品质与爱好，又有利于提升国民生活态度与质量，有利于营造良好生态文化，有利于和谐社会建设。但是现在大多是专业教育，都是考证，走偏了，还影响到生活情绪与质量，以及家庭与社会和谐。所以终身教育应该消除功利，每个人喜欢什么就学习什么，提高自己的素养、提升自己内心的东西，这也是一种新型的知识管理。

继续教育如此，研究生教育也有偏颇。现在大学培养硕士、博士，含金量确实有待大提高。如博士培养，我们强调创新，强化发表论文。结果，博士论文反映出在文献阅读与把握上不足，只了解，还未必掌握了文献的冰山一角就创新，结论可想而知。用知识管理的角度来说，做一篇合格的博士论文，最重要的是要花几年时间阅读相关文献，真正全面了解、理解与掌握前沿，做到站在巨人的肩膀上，再从某个点上创新，得到的结论与认识才是有价值的创新，或丰富发展理论，或解决实际问题。我们认为，博士论文应该是理论创新，现在情况是应用对策多，且缺少学理支撑，由于阅读少，现状都没有搞清楚就创新，显然是靠不住的。

在商学院，并不是所有教师都研究知识管理，但是他们完全可以把知识管理与他们的学科专业结合，思考用知识管理理论与方法研究，并进行学科专业建设；反之思考在研究，进行学科专业建设中存在哪些知识管理问题。比如研究市场营销的老师可以考虑在营销管理中哪些地方涉及知识管理问题，也可以反过来思考，哪些知识管理理论与方法可以用到市场营销研究当中。以此类推，所有的研究都与知识管理密切相关，因为研究本身及过程就是一个知识管理过程。

还有一点，我们为政府部门做对策课题，遇到的最大挑战也是知识挖掘或发现。比如撰写一个报告，写3万字、10万字对研究者是很容易的，但是政府部门要求研究者提供精简版，浓缩到3000字、1000字，甚至800字的核心内容，这就考验研究者的归纳和概括能力。此时，我们需要提取关键知识，把最核心的800字提炼和表达出来，并且让领导看得明白，所提出的对策有实际背景分析与学理支撑、有见地，可操作。这一点是很难的，很多人做不到。这种情况是极致的知识管理应用，不仅体现在课题研究质量与水平本身，还体现在对课题成果的高度提炼。

可见，知识管理思想真的很有价值，可以运用于各个领域。知识管理的理论与方法在实际工作中会有比较大的作用。无论我们做什么工作，都应该有知识管理的意识，应用知识管理的思想与方法，如同在法治社会具有法制意识一样。

尽管在教育部学科专业目录中还没有设置知识管理这一学科专业，但是国家自然科学基金项目目录中在管理科学与工程学科下专门有知识管理方向。与10年前相比，知识管理已经呈现良好的发展态势，许多大学在管理科学与工程、工商管理、计算机科学与技术等学科专业下培养知识管理研究方向的硕士、博士生，开设知识管理课程。

由于知识管理具有普适性，任何一个研究都应该针对理论与现实问题，从自己所长出发，从不同角度来进行研究。从不同学科专业领域都可以研究知识管理，对所有的问题都能够运用知识管理来研究，成果涌现，有研究理论的成果，有研究方法、工具、模型的成果，有研究制度、政策的成果，它们都是集很多人智慧的知识或知识产品。尤其针对社会科学问题，鉴于其复杂性，需要跨学科研究，取得的知识或知识产品的智慧含金量更高。

第三章
知识管理体系

对政府、产业、企业（公司），以及研究院所、高等学校等任何组织机构，进行知识管理都是必要的。无疑，这是一个系统工程。从知识管理角度来说，这需要建立、实施知识管理体系，并通过评价实现持续改进。

第一节　企业知识管理体系[①]

企业是经济系统的微观基础，知识管理实施的结果，很大程度上取决于企业知识管理的能力与水平。为此，需要从企业整体建立知识管理体系。

一、企业知识管理的意义

随着知识经济发展，在企业管理领域中知识已经成为第一要素，也是企业竞争力的源泉，组织已经历着扁平化、小型化、弹性化、数字化、虚拟化、网络化、智能化的变革。哈佛大学的学者们认为，企业管理已经进入全球化、知识化和智能化的阶段。因此，低碳、节能减排、绿色、生态与环保特征的可持续成长成为管理的目标，企业知识管理成为管理的主题。

诸如涌现出一系列全新的管理战略和概念，如全面质量管理、绿色管理、再设计工程、战略结盟、战略人力资源管理、合同管理、智能管理、加速产品开发、团队工作方式、并行工程、模块化生产、学习型组织、改革领导方式、

---

① 参见刘宇、葛新权：《试论企业知识管理体系及其发展趋势》，载《中央社会主义学院学报》，2000 年第 12 期。

更多的团队、有效供应链、紧急系统、综合适应系统、矩阵，以及数字化、网络化与智能化等新的管理战略；品牌授权、参与式管理、短周期管理、知识管理、网络企业、五项修炼、风险投资、世界型组织、金融安全、高新技术产业、计算机化企业、市场创新、"攻击型"企业、"新概念资源"、人工智能等新的管理概念，决定了知识管理日显重要。计算机网络化与量子化和经济的全球化、数字化、知识化、智能化，以及决策层级民主化、管理层级制度化、操作层级选择化的发展，也为知识管理提供了重要的条件和更高的要求。

与一般的生产管理、信息管理、资本管理比较，知识管理具有智慧、智力、知识无限巨大作用，实现以市场为核心，减少风险等优势。理论与实践都已经证明，知识管理能大力加强企业研究开发、创新、共享与再造等活动，显著地提高企业的竞争力。

彼得·F·德鲁克是公认的当代最伟大的管理宗师，他在《哈佛商业评论》（1988年1/2月号）上发表的论文《新型组织的出现》，标志着知识管理研究的开始。知识管理研究受到众多国际著名管理学教授、学者和专家的重视，促进了知识管理研究。如在《哈佛商业评论》上发表的约翰·西利·布朗的《再造公司的研究活动》（1991年1/2月号）、克里斯·阿吉里斯的《教聪明人学会学习》（1991年5/6月号）、野中郁次郎的《知识创新企业》（1991年11/12月号）、戴维·A·加文的《建立学习型企业》（1993年7/8月号）、詹姆斯·布莱恩·奎恩等的《优中取胜：专业智能的管理》（1996年3/4月号）、多梦西·罗纳德的《充分发挥公司的智力》（1997年7/8月号）、阿特·克莱纳和乔治·罗斯的《如何让经验成为最好的老师》（1997年9/10月号）等，都代表着国际知识管理的最高水平与研究前沿。随着人们对"知识的创造、传播、共享和利用是公司（企业）保持持续竞争优势的关键"的认识，许多大公司都设立了CKO（知识主管）职位，他们负责公司知识管理的全面工作，对公司知识管理发挥了重要的作用。

从学科上讲，知识管理研究是目前管理科学前沿性研究领域。随着经济知识化、智能化和全球化更加迅速，企业竞争与人才竞争更加激烈，对知识管理的研究更显迫切和重要。

二、企业知识管理的概念

知识是知识管理的核心，知识管理理论的本质是知识创新与生产、分配与传播、交流与共享、消费与利用。什么是企业知识管理，尚无公认的概念，各有各的看法。

综合起来看，国外有四种基本观点：一是知识管理就是通过知识共享运用集体的智慧提高企业的应变和创新能力。二是知识管理是以知识为核心的管理，是对各种知识的连续管理的过程，以满足现有和未来需要，以确认和利用知识资产开拓新的机会。三是知识管理就是利用组织的无形资产创造价值的艺术，为了帮助管理者借助知识管理创造价值。四是知识管理首先强调人的重要性，即强调人的工作实践及文化开始的，其次是技术问题。

国内有三种基本观点：一是知识管理是指通过改变组织成员的思维模式和行为方式，建立起知识共享与创新的组织内部环境，从而运用集体的智慧提高应变和创新能力，最终达到组织目标。这里知识管理强调把知识、信息、人力资源、市场与经营过程等协调统一起来，从而最有效、最大限度地提高企业经营效果。可见，知识管理的核心内容是知识的共享和创新。二是知识管理是企业将各种信息汇集起来，进行整理、分类、储存，以便于利用和共享资源，并促进人们之间的交流，从而使企业员工素质不断加强，企业更具竞争力和适应力。三是知识管理是把人力资源的不同方面和信息技术、市场分析，以及企业的经营战略等协调统一起来，共同为企业的发展服务，从而产生整体大于局部之和的经营效果。

以上七种观点从不同的角度，论述了企业知识管理。我们认为，知识管理是对企业知识生产（创新）、分配、交流（交换）、整合、内化、评价、改进（再创新）全过程进行管理，实现知识共享，增加企业知识增量和产品中的知识含量，提高企业创新能力和核心能力，提高顾客（对企业产品）满意度和忠诚度，保证企业高速、健康、持续发展，在激烈的全球化竞争中立于不败之地，实现"绿色、循环、低碳、环保"可持续发展。

企业知识管理的实质是对企业中所有员工的经验、知识、能力等因素的管理，实现知识共享并有效实现知识价值的转化，以促使企业知识化，提高竞争力，实现可持续成本。

三、企业知识管理的内容、方法与特点

对企业知识管理有了比较清晰的认识的基础上，我们认为企业知识管理的内容主要有：一是建立新的组织机构，设置知识主管（CKO）及其职责。二是建立对知识创新、吸收、共享、内化的机制和政策。三是建立企业内部和外部网络系统，特别是专家智能系统。四是建立评价、计量知识的价值。五是建立顾客满意测评体系和评价体系。简单地讲，知识管理的主要内容是对知识的生产、交流、分析、整合、内化、评价和改进。

企业知识管理的方法主要体现在：一是信息管理。建立"开放信息系统"，包括强调跨部门的进入、知识的聚集、整合、交流与共享，有收集、积累信息，

建立数据库，提高知识编码率；利用信息网络，重组企业管理流程；改变传统营销策略，加强与外部的资源共享、交流合作；加强企业内部对信息资源的知识共享；保护和管理知识资产等。二是人力资源管理，包括科学管理人力资源，知识管理要求全体员工参与、配合，主要包括建立人才评价指标体系；进行员工培训和人力资源开发；柔性管理等。三是创新制度建设，主要包括设立知识主管或首席知识主管或知识经理；创新研究与开发，加强信息交流整合的环境；促使组织结构变化等。

知识管理的特点：一是以知识为核心的管理，包括对知识本身进行管理和对与知识有关的管理。在企业的知识管理中，无论是对知识生产、交流、内化等的管理，还是对与知识有关的资本管理、技术管理、合同管理、资源管理等都是以知识为核心的管理。二是知识管理不同于资产管理和信息管理，具有复杂性。知识管理强调对人力资本管理和内化知识，以提高产品竞争力，而资产管理和信息管理不强调这一点。三是知识管理以知识共享为目标，这要求所有员工共同分享他们所拥有的知识，这对企业和员工来讲是一种挑战，担心失去自己的优势。但如果不能实现知识共享，则无论对企业还是对员工都是一个巨大的损失。四是知识管理是利用知识管理知识，对管理者的要求高。五是知识管理既对企业内部知识，也对外部知识进行管理。六是知识管理是实现"绿色、低碳、节能减排、循环"可持续发展的必然选择。

四、企业知识管理的目标

企业知识管理的目标：一是建立一个企业生产、交流、共享、整合和内化知识的战略决策，在企业各部门的配合下实施知识管理策略，并对这一策略进行经常性的评价。二是了解和熟悉本企业的生存与发展环境以及本企业自身的发展特点与要求，尤其是企业内部的知识要求。三是建立和营造促进知识学习、知识积累和知识共享的环境，以激励员工的知识创新与交流。四是监督和保证知识库中知识的内容的质量、深度、广度与本企业的发展一致，其中包括知识的更新，保证知识库设施的正常运转，增强知识的积累、转换，提高知识编码率。五是促进知识的评估利用和交流共享。六是提高员工整体素质，实施员工满意度战略，体现人力资产，促进员工的数据信息处理能力、创新能力、工作技巧和合作能力。七是提高企业生存竞争能力，适应企业知识产品的产出智能化、个性化、艺术化要求，加强研究开发和创新能力。八是检测和评估知识资产的价值并有效实现知识价值的科学转化，利用知识改善企业的日常经营过程和在企业生产过程推进知识的充分利用。九是组织知识管理活动。十是实现

"绿色、低碳、节能减排、循环"可持续发展，促进生态文明建设和和谐社会建设。促进创新型国家建设。

五、企业知识管理体系

在实际中，如何认识企业知识管理过程是重要的。可以从不同的思路、不同的角度看待这个问题。我们借鉴 2000 版 ISO9000 质量认证体系，从一个全新的视角，来认识这个问题。从而提出下面的企业知识管理体系。

重要的是，企业只有通过实施知识管理体系才能建成知识型企业。与传统企业相比，知识型企业拥有高弹性的网络、高素质的人才、高质量的效率、高收益的市场。因此，我们认为企业知识管理体系包括五个子系统：

（1）企业最高管理者的管理职责发生了本质的变化，主要是制定企业知识管理战略，特别建立知识创新激励机制、制度和政策，确立企业知识管理的方针和目标；建立核心能力的动态联盟，提高企业核心能力；塑造有利于知识创新与共享的企业文化，提高员工素质；建立新的资源分配机制和原则，即包括非知识资源，也包括知识资源的分配；主持知识管理体系的管理评价；实施企业再造，建立适应创新与共享的企业的组织机构。

（2）设置知识主管（CKO），负责企业知识管理工作，这是实施知识管理的关键。CKO 的基本功能是开发、应用和发挥企业所有员工的智力、知识创新能力以及集体的智慧和创造力。CKO 主要任务就是要创造、使用、保存和转让知识。通过 CKO 的知识管理活动获得企业的竞争力是各大公司设置知识管理职位的一个重要原因。

（3）市场分析与顾客需求分析。对知识、技术、资本、资源、产品等市场进行分析，对知识、技术和产品的发展进行预测，对产品的市场占有率和竞争力进行分析；在对顾客调查的基础上，进行顾客现在的需求分析、顾客的未来的需求分析、顾客的未知需求分析。对知识资源管理，建立人力资本投资体系；增加知识存量，调整知识结构，保证企业知识共享。

（4）企业知识管理运作过程。建立知识管理运行机制，进行企业知识生产、交换、整合、内化的管理，促进知识再生产过程形成良性循环，规避企业知识管理中的风险。

（5）知识管理的评价和持续改进。建立知识管理的评价原则；提出知识管理的评价方法；制定知识管理的评价体系；实施顾客满意度评价，并及时进行知识管理改进。

为实施知识管理，企业还需要：一是测度知识，承认个人在知识发展中的独特性，了解知识工作特性，开展知识管理活动，建立知识共享机制。二是建立学习型组织，创建动态团队。三是建立知识创新和内化的激励制度。四是建立递增收益网络。五是建立管理内部网络，通过内部网络把员工联系起来，促进知识交流。六是建立动态联盟，培养核心创新能力。

六、知识主管职责

在知识管理体系中，知识主管承上启下，非常重要。如前所述，知识主管（Chief knowledge Officer，CKO），是指在一个公司或企业内部专门负责知识管理的行政官员，知识主管是企业内部一个新的高级职位。正如美国教授达文波特（T. H. Davenport）在他的《知识管理的若干原则》一文中所谈到的："在公司内的某个群体对知识管理工作负起明确的责任之前，知识不可能得到良好管理。"可见，企业的知识主管比行政主管或人力资源主管、财务主管或信息主管的地位更为重要。

彼得·德鲁克在《管理实践》一书中认为，企业在选择达到某一目标所需的结构时有三种具体的办法：活动分析、决策分析和关系分析。根据领先企业的实践经验，知识主管的主要职责有三个方面：制定知识政策，提供决策支持和帮助员工成长。

（1）制定知识政策。在设立知识主管之前，组织通常设有信息部门，其主要职责是开发和维护组织的信息系统。而知识管理的大部分职能是由各个部门分别执行的，如知识的收集加工、存储、使用与创造等。这时的知识管理是分散的、隔离的，组织很难对其全部知识进行整合，因此需要制定统一的政策来约束组织的知识管理活动，使组织的知识流有序地流动。微软公司在这方面进行了一系列实践，例如，每开发一件产品，产品组的人员都要及时总结经验和教训，并通过研讨会、传播共享、交流等形式把一些潜在的知识挖掘出来。这些工作都是由知识主管来组织的。

（2）提供决策支持。一般组织人员的职责始终应是向上的，而知识主管不是组织的直线人员，其职责是双方、多向的。知识主管的工作主要是支持性的工作。

（3）帮助员工成长。根据瞬息万变的信息和自己的经验为决策者提出决策建议，并确定员工必要的知识基础，帮助员工成长也是知识主管的责任。

值得一提的是，知识管理由信息管理发展而来的，但知识管理工作的重点是放在创新和集体的创造力上，而信息管理工作的重点是在技术和信息开发上。正如伦敦商学院信息管理教授尼尔指出："公司中知识主管们的作用已经超出了信息技术的范围，进而包括诸如培训、技能、奖励、战略等。公司需要一位善于思考的人把人力资源同信息技术和营销战略等有机结合起来，发挥特殊作用"。

因此，知识主管的主要任务有：一是了解公司的环境和公司本身，理解公司内的知识需求。二是建立和造就一个能够促进学习、积累知识和信息共享的环境。三是监督保证知识库内容的质量、深度、广度并使之与公司的发展需求一致，包括信息的及时更新等。四是保证知识库设施的正常运行。五是促进知识集成、知识生产和知识共享的过程等。

通常，知识主管要把如何提高组织快速学习的能力作为自己的主要任务。知识主管具备技术专家、战略专家、环境专家、创新专家的能力，其工作与职责非常具有挑战性。

第二节　企业知识管理系统[①]

针对知识管理现实，我们认为在知识管理体系下实施知识管理项目过程中，还应基于知识共享的企业文化和业务流程建立知识管理系统，这一点是非常至关重要的。

一、知识管理的误区

企业在实施知识管理中存在着误区，如许多企业的决策者只要求信息系统部门着手进行知识管理工作，信息系统部门十分积极，他们立即进行评估，采购设备，建立起面向知识管理的技术系统，然后就完事大吉。这些企业之所以这样做，因为他们错误地认为，只要知识管理的系统建立起来，企业就会自动向知识型企业转变，企业内部的智力资源就会自动地转变为竞争优势。显然，他们这样做忽视了实施知识管理的两个最本质的驱动因素：一是改造企业文化。实施知识管理的成功取决于一种鼓励知识（信息）共享的企业文化。否则，由于知识（信息）共享受阻而遭失败。二是融入业务流程重组。实施知识管理的成功还取决于知识管理与企业核心业务流程的有机结合。知识管理就是对业务流程中无序的知识进行系统化管理，实现知识有序、共享和使用，以提高业务水平和效率。因此，知识管理必须与业务流程紧密相连，否则必定失败。重要的是，将知识创造、交流与使用同企业的业务流程结合起来，同时可以节省大量支出，并产生巨大价值。

为此，需要建立一个知识共享的知识管理系统。

---

① 参见李富强、葛新权：《知识共享的管理信息系统》，载《中国软科学》，2002 年第 10 期。

二、知识管理系统的出发点和归宿点

实施知识管理过程可以分为4个阶段：一是把握知识管理全局。出色的知识管理项目应该着眼于一个或多个具体的业务流程。二是推动企业内部知识小组的形成。知识小组由那些热心于知识共享的人员组成，其成员通常担负共同的业务职责（如市场营销部门或开发研究部门），具有组成知识小组的条件[①]。三是系统分析业务流程。四是设计建立知识管理系统。

在知识管理实施过程中，企业信息部门能够发挥重要的作用，如在第一阶段，信息系统人员能够分析知识管理技术的可行性与局限性，并为知识地图[②]的建立提供一个系统性的方法。在第二阶段，信息系统人员能够密切监控项目的进展情况，保证过程的实施。在第三阶段，信息系统人员能够发挥系统分析的优势，发掘可以让知识管理发挥作用的业务领域，例如市场推广、消费者服务、产品开发等。一方面，他们对企业人员进行有关的技术培训；另一方面，他们必须努力研究把知识系统、技术手段与具体业务结合起来的最佳方式，并为企业员工提供指导。在第四阶段，信息系统人员能够利用标准化的开发方法，建立新的知识管理技术系统。并在项目进展过程中，能够不断改进并完善系统，促进知识共享以及知识管理与业务流程融合。

纵然，企业信息系统部门在实施过程许多方面仍然是力所不及的。如对知识管理持不积极、不正确甚至反对的态度的企业文化是知识共享的最大障碍；许多知识管理项目经理往往只注意知识本身的收集、分类、存储、查询和利用，而忽视知识的收集与利用与特定的业务流程密切的联系。

由此可见，改造传统的企业文化、建立有利于知识共享的新型企业文化，以及重组企业业务流程，并将知识创造与利用融入之中是知识管理实施最重要的方面。毫无疑问，这是建立知识共享的知识管理系统的出发点和归宿点。

为什么呢？实施知识管理的推动力是来自信息使用者，而不是信息系统人员。为此，实施知识管理可以从点到面，逐渐展开。选择试点时，优先考虑研究、产品开发、消费者服务等部门，从中选择对知识共享态度友好、工作业绩出色的知识小组[③]。随着对知识管理是一种重要的竞争优势认识普遍提高，知识

---

① 由于大多数企业在知识管理领域毫无经验可谈，应该邀请企业外部的专家参与项目实施，如工业心理学家、社会学者或人类学者等。

② 所谓知识地图，就是把信息使用者根据知识需求、知识来源以及获取知识的方式等方面的不同进行分类。

③ 知识管理项目组成员的专业背景应具有广泛性，相关的背景可能包括：数据仓库、文档管理、电子邮件、内联网以及群件等。

管理率首先在客户服务、研究与产品开发部门普遍展开，最终成为一种被广泛接受的业务行为。而信息系统人员能够把知识管理推向深入，把知识共享和再利用的概念注入到所有的业务流程中去，而不仅是把知识管理视为一个独立的覆盖全企业的信息技术构架。

另外，如前企业中的知识可以分为显性知识和隐性知识。显性知识可以很容易地将其编码化，使员工共享。隐性知识是指隐含经验类知识，它存在于员工的头脑中或组织的结构和文化中，不易被他人获知，也不易被编码。正如知识连线有限责任企业首席执行官荣·杨所说："显性知识可以说是'冰山的尖端'，隐性知识则是隐藏在冰山上底部的大部分。隐性知识是智力资本，是给大树提供营养的树根，显性知识不过是树的果实"。因此，隐性知识共享在知识共享中占有重要而关键的地位①。

对企业业务流程重组问题，我们认为应依据 ISO9000（2000）重组企业业务流程，利用信息技术，将知识创造、收集、交流、利用与这重组后的业务流程密切结合起来，设计和建立企业知识管理系统，② 从而有利于培养知识共享的企业文化，有利于知识共享与利用。

三、知识共享的知识管理系统

反过来，尽管文化的转变是建立知识共享企业的根本，但信息支持技术是必不可少的。美国战略管理学家迈克尔和波特认为，企业每一生产经营活动都是其创造价值的活动，企业中所有互不相同但又相互关联的生产经营活动，便构成了创造价值的一个动态过程，即价值链。同样，一个企业的知识流动和更新也存在这样一条价值链。知识是企业的财富，企业的知识随着它的成长而积累沉淀下来，企业知识管理的实质就是对知识价值链进行管理，使企业的知识在运动中不断增值。企业的知识价值链为：知识的采集与加工→知识的存储与积累→知识的传播与共享→知识的使用与创新。成功的知识管理不仅在于对价值链中的各个环节进行管理，而且在于优化各个环节之间的关联，加快知识的流动速度，使知识成为企业永不枯竭的资源。因此，从知识价值链来看信息支持技术在建立知识管理系统中的作用也是显而易见的。

另外，面对众多的技术，管理者必须决定采用何种技术支持知识共享的流程。首先，要仔细设想知识共享的图景、定义知识共享的流程，然后识别何种

---

① 当然，共享知识不应成为员工本职工作外的额外附加，同样，知识管理不应成为独立于组织学习活动外的单项活动。

② 参见刘宇、葛新权：企业知识管理体系研究，《中央社会主义学院学报》，2000.12

技术能够支持这种流程。其次，评价何种软件能够整合到知识共享环境中，同时判断这种技术支持的流程能否为企业带来更大的收益。换句话说，鉴别技术以支持需求，同时评价技术是否能够促进更多的需求。因此，知识共享的知识管理系统不仅仅包含讨论线索和文档管理，而且包括实时协作，高效率的搜索引擎和智能代理技术。随着知识系统中的知识不断增加，智能代理和知识地图等工具已变得十分重要。这些工具能够有效地将适当的知识传送给适当的人，从而使员工共享最佳实践的经验和提高决策水平。

如前所述，重要的是通过设计科学、合理、有效的管理、激励与评价的制度，培养知识共享的企业文化来建立知识共享的知识管理系统，才有利于促进员工与他人共享知识，特别地共享隐性知识。这样的系统应具有以下特征：

（1）支持共享知识的技术。鼓励知识共享更多地依赖于企业的内部管理，如有的企业对知识共享员工给予认知、奖励、薪金提升等；还有的企业根据员工参与知识共享活动的程度决定他们的升职及额外的休假等，而形成了雇佣愿意共享知识的员工、发展信任、多层激励、公众承认、为共享而重组、创建知识社区、发展领导的方法。① 因此，最重要的是企业必须向员工表明知识共享能为他们带来什么，能如何帮助他们改进工作，即企业应向员工表明共享知识是他们的利益所在。在这方面，培训引导是关键。并且，只有在企业具体量化并能衡量知识共享计划成功尺度基础上，培训引导方法才能发挥最佳作用。目前企业里已有不少共享活动，它们仅在小组内部，若想扩大共享活动，就必须使更多的人加入小组中。但无论企业采取什么方法，耐心是很重要的，因为企业要实施的不是一个计算机信息系统，而是一整套文化，这需要比较长时间的营造。但知识共享的知识管理系统应能为企业实施鼓励各种共享知识的措施提供支持。在知识管理系统设计时，就需要将用户对知识管理系统的参与情况记录下来，并与绩效评价联系起来。通过统计、分析与评价员工参与知识管理系统的程度与贡献大小，奖励与表彰参与度高、贡献大的员工，以此来带动员工参与知识管理系统的主动性与积极性。

---

① 雇佣愿意共享知识的员工的方法是指，要创立一个员工共享知识的文化必须从招聘员工这一步开始，也就是说，企业只招聘那些它的员工感觉能够与之进行良好工作的应聘人员。发展信任的方法是指，企业依靠在员工之间以及员工与企业之间建立的信任文化的氛围来鼓励员工共享知识。多层激励的方法是指，知识共享深入企业每一个层次，即企业内部任何事物，从办公桌上的留言板到会议室中的讨论稿，都必须反映知识共享的需要。并且，针对内部的不同层次设计出不同的激励方法。公众承认的方法是指，企业有很强的知识共享文化氛围，每个员工都经常参加会议，阅读内部刊物，参加 E-mail 讨论；还积极实行导师制以辅导员工。为共享而重组的方法是指，企业可使用各种激励手段鼓励不同小组之间人们的共享，或者，重组组织使人们能成为不同小组的成员，从而增加共享知识范围。创建知识社区的方法是指，知识社区是由拥有共同兴趣专长及技术的员工组成，社区的成员通过电话，电子邮件，在线留言板等方式保持联系。发展领导的方法是指，企业内部一小群知识管理的热爱者能成为促进知识共享的催化剂。

（2）支持专家评价的技术。知识共享的知识管理系统既要从数量上，还要从质量上对员工参与知识管理系统的参与度以及对知识管理系统贡献的评价。并且，这种评价包括员工评价和专家（由专家库中遴选的专家）评价。发布初步的评价，对有争议的评价，最后专家（由原来的专家，或重新由专家库遴选的专家）复议与复评，并作出评价。

（3）支持识别知识的技术。对员工提交知识库的知识材料，知识共享的知识管理系统根据所规范的知识材料的标准进行识别，以便决定是否接受所提交的知识材料。这样既有利于员工有效地提交企业急需的和高质量的知识材料，也有利于知识主管（知识管理部门）的审核，以及转化为知识库中的新的知识。

（4）支持传送知识的技术。一旦员工将知识材料提交到知识库中，知识管理系统根据所设置的审批流程，自动地将知识材料移交到相关的知识管理部门。只有经过知识管理部门审批通过后的知识材料，系统自动地将该知识材料予以发布。否则，不予公布，并从知识库中清除之。

（5）支持更新知识的技术。知识共享的知识管理系统及时地更新它的知识库，这种更新是建立在对知识评价和识别的基础上的。知识管理系统与信息管理工具的一个很大区别在于，知识管理系统是一个活的有机体，它不仅从外界不断地接受新的知识，并且系统中的内容不断地被淘汰，其生命力在于不断地被更新。只有决策人不断地从知识库中提取有用的知识，放入新的内容，知识库才会保持活力。相反，长期不使用知识库将会降低知识库内容的可用性。从知识的可用性来看，有些知识的可用周期很长，但有些知识的可用周期很短，如果不定期地对知识库中的知识进行评价与识别，那么库内的知识不仅不能支持员工高效率工作，而且还会产生误导。因此，不断地周期性地对知识库内的知识进行评价与识别，及时地更新知识库是十分重要的。

特别地，知识的有效性是由知识主管或知识管理部门来判断的，但软件的结构支持这种机制是重要的。知识库中的知识分为两种，静态知识和动态知识，对于静态知识，如企业的历史，规章制度等，这些知识的生命周期很长，知识主管或知识管理部门只需要对其进行准确分类。对于动态知识，如产品销售数据、市场调查、人员流动等，知识主管或知识管理部门需要根据各种信息的使用情况对其进行更新。

四、知识管理系统设计

一个企业的知识链通常包括知识的识别、获取、开发、分解、储存、传递、共享、利用以及知识产生价值的评价等环节，在这个知识链上，形成了一条知识流。因此，在知识链基础上设计知识管理系统十分必要。

第一，鉴于知识管理包括：一是知识管理的基础措施，它是知识管理的支持部分，如关系数据库、知识库、多库协调系统、网络等基本技术手段以及人与人之间的各种联系渠道等。二是企业业务流程的重组，其目的是使企业的知识资源更加合理地在知识链上形成畅通无阻的知识流，让每一个员工在获取与业务有关知识的同时，都能为企业贡献自己的知识、经验和专长。三是知识管理的方法，如内容管理、文件管理、记录管理、通信管理等。四是知识的获取和检索，包括各种各样的软件应用工具，如智能客体检索、多策略获取、多模式获取和检索、多方法多层次获取和检索、网络搜索工具等。五是知识的传递，如建立知识分布图、电子文档、光盘、DVD 及网上传输、打印等。六是知识的共享和评测，如建立一种良好的企业文化、激励员工参与知识共享、设立知识总管 CKO、促进知识的转换、建立知识产生效益的评测条例等。如何进行知识管理是我们首先要解决的理论和实际问题。

第二，把企业的业务流程看作是一个紧密连接的供应链，并将企业内部划分成几个相互协同作业的支持子系统，如财务、市场营销、生产制造、服务维护、工程技术等，可对企业内部供应链上的所有环节如订单、采购、库存、计划、生产制造、质量控制、运输、分销、服务与维护、财务、成本控制、经营风险与投资、决策支持、实验室/配方、人力资源等有效地进行管理，从管理范围和深度上为企业提供了更丰富的功能和工具。

第三，在管理方面形成了供需链管理、库存管理、JIT、主计划、物料需求计划、生产作业控制、系统与技术等七个子系统。特别地，供需链管理主要内容包括：经营范围的概念（供需链的要素、运作环境、财务基础、制造资源计划（MRP Ⅱ）、准时制生产（JIT）、全面质量管理（TQM）；MRP Ⅱ、JIT 及 TQM 之间的关系）、需求计划（市场驱动、客户期望与价值的定义、客户关系、需求管理）、需求与供应的转换（设计、能力管理、计划、执行与控制、业绩评价）、供应（库存、采购、物资分销配送系统）。

第四，我们将企业知识管理系统设计为：以知识生产、分配、交换、获取、利用为主线，建立企业知识库系统。该系统还包括非知识资源子系统、财务运作子系统、供给子系统、生产制造子系统、服务维护子系统、工程技术子系统、市场营销子系统。

五、知识库

企业在激烈的竞争环境中能否立于不败之地，已经取决于知识的生产、获取、共享和利用，或者说取决于知识在流动过程中的价值增殖。如何有利于知识的流动及其价值增殖就变得十分重要，因此，在知识管理体系和管理信息系统基础上，建立企业知识库必要。

信息数据库属于知识库的一部分，但知识库的内容要广泛得多。企业知识库应尽可能包含所有与企业有关的信息和知识，使知识库真正成为信息源和知识库。

知识库并没有什么固定的模式，由组织的具体情况确定。知识库的内容是生动活泼的，一切应以服务于组织的需求与成长为原则。知识库里知识的分类非常重要，建立知识库的一个关键问题是开发所需的软件，而企业知识库系统软件应具有如下的功能和特性：

（1）集成性。对于知识型的企业，必须及时掌握各种信息，所以只有具有集成性的系统才能实现企业全部信息的集成和处理。例如，多地点、多场所经营，跨国经营，可通过 Internet/Intranet 将不同部门、不同区域的信息集成起来，及时了解企业内部、供货渠道、市场营销。金融动态、客户需求以及竞争对手的最新信息，并进行分析处理，快速做出反应，紧跟市场变化并创造市场；

（2）外向型功能。企业的封闭状况已经被彻底打破，在网络上企业是没有明显边界的，其管理系统也必须具有外向型的功能。因此从发展的角度来考察软件，除了具有生产管理功能之外，还应具备商品经营、资本经营和品牌经营的功能；

（3）决策支持功能。大众的消费观已经成为企业推出产品的首要驱动因素，企业必须利用集成的信息紧跟市场的变化，快速作出各种决策，如经营战略决策、投资决策、买卖决策、财务决策、产品组合决策、产品成本决策等，来为企业多、快、好、省地推出市场最需要的产品，并以最畅通的渠道投入市场，尽快完成资本循环。因此决策支持系统将为企业"运筹帷幄、决胜千里"提供有效的服务。

通过建立知识库，可以积累和保存信息和知识资产，加快内部信息和知识的流通，实现组织内部知识的共享。这是实施知识管理的一个基本条件和办法。知识库的作用表现在：

第一，知识库使信息和知识有序化，是成就组织的首要贡献。建立知识库，必定要对原有的信息和知识做一次大规模的收集和整理，按照一定的方法进行分类保存，并提供相应的检索手段。经过这样一番处理，大量隐含知识被编码化和数字化，信息和知识便从原来的混乱状态变得有序化。这样就方便了信息和知识的检索，并为有效使用打下了基础。

第二，知识库加快知识和信息的流动，有利于知识共享与交流。知识和信息实现了有序化，其寻找和利用时间显著减少，也便自然加快了流动。另外，由于在企业的内部网上可以开设一些时事、新闻性质的栏目，使企业内外发生的事能够迅速传遍整个企业，这就使人们获得新信息和新知识的速度显著加快。

第三，知识库还有利于实现组织的协作与沟通。例如，施乐公司的知识库可以将员工的建议存入。员工在工作中解决了一个难题或发现了处理某件事更好的方法后，可以把这个建议提交给一个由专家组成的评审小组。评审小组对这些建议进行审核，把最好的建议存入知识库中。建议中注明建议者的姓名，以保证提交建议的质量，并促进员工提交建议的积极性。

第四，知识库还可以帮助企业实现对客户知识的有效管理。企业销售部门的信息管理一直是比较复杂的工作，一般从业时间长的销售人员拥有很多宝贵的信息，但随着他们客户的转变或工作的调动，这些信息和知识便会损失。因此，企业知识库的一个重要内容就是将客户的所有信息进行保存，以方便新的业务人员随时利用。

六、企业知识管理体系构建[①]

作为企业，在知识管理系统的基础上应从软环境和硬环境建设两个方面构建自己的知识管理体系。

企业知识管理体系的建立将会使人们更全面地认识企业的知识，进而可能建立健全的知识管理制度，实现对知识的有效管理与应用。企业的知识管理体系建设是一个系统工程，不仅包括推行知识管理的软环境建设，即企业的理念建设，还包括知识管理体系的硬环境建设，即企业知识管理平台的建设。理念建设是企业实施知识管理体系的必要条件，知识管理平台的建设是企业实施知识管理体系的核心和关键，最终通过评估机制对企业实施知识管理的体系进行保障。这个企业的知识管理体系可以用图 3 - 1 表示。

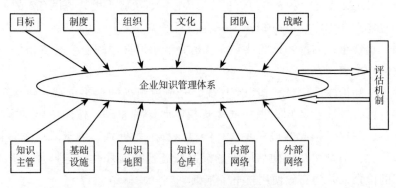

图 3 - 1   企业的知识管理体系

---

① 参见李会莉、葛新权：《如何构建企业的知识管理体系》，载《科技与管理》，2006 年第 3 期。

（一）构建企业知识管理体系的软环境建设

知识管理的软环境建设，即企业的理念建设，涉及企业运作实践过程中的各个方面的问题，表现为人员、组织结构、企业制度、企业文化、战略机制等方面的建设，这些软环境的建设是企业实施知识管理体系的必要条件。具体来说，企业实施管理体系的软环境建设主要从以下几个方面进行。

1. 进行企业的目标管理

清晰的企业目标有助于企业的发展，要成功地实施企业知识管理体系就必须明确企业发展的前景和方向。德鲁克认为企业只有打破固有的、僵化的思想观、技术观和市场观，调整自己的经营策略和发展方向，才能在世界潮流中实现超越。只有通过接受新的管理范式和概念、转变旧的思想观点，培育新的管理理念，才能获得成功。确定企业知识管理目标就是使各级部门和员工制定出各自具体的努力方向，据此实现企业的经营目标。只有目标明确了，才能有效建立企业的核心能力。

2. 企业的制度建设

企业知识管理的制度建设主要是制定企业合理的惩罚和激励机制，建立一套有利于员工发展的激励制度；建立企业系统的学习和培训制度，加强管理者对知识管理的重视并鼓励员工积极共享和学习知识；建立有效的企业知识传播制度，建立企业跨行业、跨部门的信息与知识和技术的交流机制和相关制度等。

3. 企业的组织建设

企业知识管理的组织建设主要是构建学习型组织，实现组织创新，实现组织结构的扁平化、开放化，消除组织的等级制度；建立知识学习小组，塑造组织的学习文化，培养组织的学习氛围，并通过知识联盟向外界学习和进行知识吸收，增强组织的自身能力。

4. 企业的文化建设

在所有的建设中，企业文化建设是最重要的一项内容，它处于整个知识管理系统的中心。企业文化是企业员工共同的意识活动，包括企业经营哲学、价值观点、管理思维等。企业文化对于促进知识学习、知识分享和知识创新至关重要。文化建设的关键就是要建立开放性的企业文化，包括创建企业共享文化、团队文化和学习文化，加强企业内部员工的协作和学习，建立知识共享的激励机制，培养员工良好的职业道德、企业荣誉感和团队精神。

5. 企业的团队建设

知识只有通过交流，才能得到发展，才能不断创新出新的知识。而且交流的范围越广，成效越大，只有知识被更多的人拥有和应用并产生出新的知识，知识资本才能实现更大的增值。知识管理重视共享知识，因此，必须建立一套企业人力资源的选择和评价体系，鼓励更多的员工把自己的隐性知识转化为企业共享知识，并积极进行知识创新，企业员工提供广阔、自由的发展空间，培育激发员工的创新精神，关心和重视员工的个人发展。

6. 企业知识管理的战略机制建设

企业知识管理的战略建设就是实现知识管理战略的部署，通过评估当前企业知识资源管理现状，找出差距，形成知识管理目标和知识管理战略规划。企业的知识管理战略应该反映总体的竞争战略，采用个性化的知识战略模式，实施知识创新、知识共享、知识联盟、知识转移、知识保护等，来提高企业的竞争力、发展企业的核心能力。知识管理战略的实施必须与企业的实际相结合，从关键的环节开始入手，使知识管理应用与信息化建设同步进行。

（二）构建企业知识管理体系的硬环境建设

知识管理体系的硬环境建设对应的是知识管理平台，这个知识管理的平台由知识数据库、网络系统、文档管理系统、信息搜索引擎等硬件基础构成，它们是知识管理的载体和工具。目前，我国在实施知识管理方面还需要对一个统一的企业知识管理体系来规范和引导企业长远发展进行完善与普及，可以从以下几个方面完善与普及企业知识管理体系的硬环境建设。

1. 设立专门知识管理部门和知识主管

设立专门知识管理部门，主要是设立知识主管、知识项目经理、知识库经理等职位工作，对企业知识管理进行全面指导和培训。其中知识主管（chief knowledge officer）是最主要的职位，知识主管负责企业知识管理工作，是实施知识管理的关键。如前所述，CKO 的主要任务和职能是：理解公司内的知识需求；建立促进知识学习的共享环境；制定知识政策；监督保证知识库的信息及时更新；保证知识库设施的正常运转；促进知识的集成和共享；帮助员工成长。通过 CKO 的知识管理活动获得企业的核心竞争力是公司设置知识管理职位的重要原因。

2. 构建企业知识管理的基础设施

知识管理的基础设施是企业硬件环境实施的基础，包括企业的知识数据库、人力资源网络、企业内部通信网络系统、企业图书馆、信息系统的维护组织等。因此，必须加强企业知识中心、知识网络、创新中心、专家智能系统的建设，维护和不断更新其技术结构，发挥其功能作用。

3. 构建企业的知识地图

如前所述，知识地图（knowledge map）是一种有效的知识管理工具，是一个企业知识资源的导航系统。知识地图的作用在于帮助员工迅速找到所需的知识资源，显示整个企业知识资源的分布情况。知识地图提供了一种企业学习的环境和基于企业共同愿景目标的学习路径，它指导着企业员工的学习过程。知识地图能够为用户提供知识库浏览方式，为企业员工充当知识向导，还能够描述企业流程中的知识，将业务流程中的知识流通过图表的方式显现出来。知识地图是通往知识库的向导，这是形成知识管理系统的关键因素。

4. 创建企业知识仓库

企业知识仓库是一个特殊的信息库，专门储存企业中的各类知识。如前所述，一般企业的知识仓库包括以下内容：一是企业的知识资源信息、经营及管理的制度规范和经验智慧等。二是内部组织资源，主要指企业组织结构、规章制度、内部研究人员的研究文献报告、各部门和分公司的内部资料等。三是外部关系资源主要指客户、销售渠道、战略联盟、供应商、合作伙伴等的信息。四是情报资源主要指市场、客户、合作伙伴、竞争对手等的详细资料。总之，知识仓库是一个有机体，其生命力在于知识资源不断地更新。知识仓库的建立可以使组织的信息和知识有序化，加快知识和信息的流动，有利于知识共享和交流，实现组织的协作与沟通。

5. 建立企业内部网络

企业内部网网络为企业提供了知识共享与交流的平台。企业的员工可以获取和学习相关的知识，并把有用的知识添加到知识平台上去，以供其他的员工共享并进行更深入的接触。这种知识交流平台包括一些企业内部论坛、公告板、留言板、E-mail、微信通知等。加强企业内部知识网络的建设，可以有效促进企业员工的学习和交流，充分利用组织内部以及外部的知识，获取对工作有价值的信息，有利于大家共同探讨学习和进步。

6. 建立企业的外部网络

互联网是全球最大的信息库，从互联网上可以获取有关供应、生产、销售、技术等各方面的信息，电子商务、网上贸易、线上线下交易等在全世界迅速普及。因此企业不应忽视对外部知识网络的建设和维护。这些外部网络关系包括：供应商关系网络、用户网络、专家网络、信息网络、合作网络、政府部门网络等。这些网络中存在着大量的知识可以被企业利用，转化为企业的效益，因此企业要特别重视和加强对这些网络建设和管理，尽可能地把企业外部知识转化为企业的经济效益。

（三）建立知识管理的评估机制

知识管理的评估机制是企业知识管理体系的主要组成部分。对企业知识管理的进行有效的评估可以使企业准确合理地评价在实施知识管理中的不足之处，明确企业的进展与目标的差距，有利于知识管理部门对企业的知识管理体系进行有效的改进，并且有利于使企业员工了解自己的工作绩效、改进工作和学习的努力方向，激发其创造的潜能，促进隐性知识向显性知识的转化，加快企业知识创新的速度，从而为企业创造更多的经济效益和创造更大的价值。因此企业要建立有效的知识管理体系，就必须建立相应的评估机制。一般来说，企业知识管理体系的评价机制要采取定性评估与定量评估相结合，建立相应的知识管理体系的指标体系和评价模型，从实施的过程和目标两个方面对知识管理体系的进展情况做出评价，并且聘请专家对企业知识管理的实施情况做出评价。总之，企业知识管理体系的建设是一个长远的过程，需要各级政府、企业部门及其领导与员工的认可与支持。

第三节　中小企业知识管理体系

面对金融危机等市场风险，中小企业能否应对危机、规避风险是重要的，能否在竞争中生存与发展，决定于它创新知识的能力与应用知识的能力，决定于它管理知识的能力。因此，中小企业应利用自身优势，抓住机遇，开展平等管理，建立知识管理体系，实现知识创新，应对危机、规避风险，大有可为。

一、中小企业自主创新

中小企业是一个国家、地区不可缺少的微观经济单位，在研究开发、提供市场产品或服务、吸收社会就业，以及税收等方面发挥着重要的作用，受到高度重视。如今小微企业受到关注，呈现良好的发展态势。

在中国，中小企业具有投资主体和所有制结构多元、劳动密集度高、两极分化突出、发展不平衡、优势地区集中，以及非国有企业与地方企业为主体的特点。中小企业还具有创业及管理成本低、市场的应变能力强、就业弹性高的优势。改革开放以来，政府实施一系列诸如小微企业、中小企业、乡镇企业政策、鼓励安置城镇待业人员就业政策、支持高新技术企业政策、支持贫困地区发展改革政策、支持和鼓励第三产业政策、福利企业政策、小型小微企业所得税政策等优惠政策，极大地促进了我国中小企业发展，在国民经济中占有十分重要的地位，已成为拉动经济的新增长点、缓解就业压力、增加税收的基础力量、促进科技进步的不竭动力、深化企业改革的主要推动力量。

中国中小企业与大企业相比，优势与劣势都很明显。金融危机及市场风险对中小企业的冲击，纵然政府比较及时采取一些扶持政策与措施，但取得的成效甚微，说明了中小企业不可能依赖优惠政策走出困境；金融危机及市场风险对中小企业的机遇，鉴于中小企业具有改革简单易行成本低的优势，说明了中小企业依靠机制制度创新与实现自主创新，在确保国民经济适度稳定增长、缓解就业压力、优化经济结构、促进产业结构升级、构建生态文明、和谐社会等方面大有可为。

然而，中小企业自主创新意识、文化与能力不足在金融危机及市场风险中暴露无遗。中小企业要应对金融危机及市场风险的影响，构建基于有利于创新文化、提高创新能力的知识管理体系迫在眉睫。

发达国家的经验告诉我们，中小企业在满足市场需求、吸纳就业、增加税收，以及对经济增长与科技进步贡献等方面都起到了不可替代的作用。在实施自主创新战略中，中小企业企业是一支重要的主体。

在自主创新中，中小企业由于研发实力与财力不及大企业，应当利用机制制度与应对市场风险优势，把集成创新、引进消化吸收再创新作为重点；鉴于中小企业成长与市场变化一致性，中小企业创新活动应充分利用内外部资源紧紧围绕着市场变化开展；以需求为导向，与研究院所、高等院校建立知识创新的产学研联盟，在原始创新方面攻关；基于产品、服务与技术市场最新信息，利用自身资源，一方面整合相关知识、技术与工艺进行创新；另一方面开展国际交流与合作进行创新。

二、中小企业知识管理的优势

对于企业来说，知识已经成为第一要素，知识管理日显重要。通过知识管理，企业才能提高创新能力、竞争能力，才能满足社会需求，才能实现经济利润、社会责任、员工成长，才能实现可持续发展。所谓知识管理就是对知识进行管理，实现知识创新、交流、共享与应用。可见，知识管理是一个具内在逻辑关系、不可分割的全过程。不同的企业在实施知识管理中，应根据自身的特点，既可以知识创新为切入点进行知识管理，也可以以知识交流或知识共享或知识应用为切入点进行知识管理，都能够取得成功。鉴于知识创新本身就是应用知识的过程，同时应用知识又是知识创新的过程，以及中小企业创新主体，我们认为中小企业知识管理应以知识创新为核心。

中小企业怎样开展知识创新呢？鉴于知识管理的趋势是平等管理[①]，中小企业开展平等管理是必要的，也是可能的，也是具有优势的。所谓平等管理是指，

---

① 葛新权等：《知识管理的发展趋势——平等管理》，载《中国软科学》，2003年第6期。

在企业（组织）中，虽然每个人的岗位、职责、权利有差别，但上岗的机会是平等的。从管理的角度来讲，人人是平等的。每个人都有自己的责权利，这也是平等的。从总经理到一般员工，不是职位高的人管理职位低的人，而是每个人都被自己的职责所管理，这也是平等的。在企业（组织）的活动中，每个人都有参与权，不可被剥夺，这也是平等；每个人发表自己意见的机会与权力也是平等的；每个人都按自己权责进行管理与决策，这也是平等的。因此，上、下级岗位职责管理关系不能被理解为上一级岗位的人管下一级岗位的人，而应理解为，上一级岗位的职责管理下一级岗位的职责，上一级岗位上的人只是执行职责的实施者而已。他们的职责形成了企业的一条闭环的职责链，链上的每一个节点代表着一个岗位及职责，且至少有一个人在这个岗位上履职；两个节点之间的距离为这个链条的节点链长度，表明这两个节点上职责的相关关系的程度。每个节点可以与多个节点连接形成多个节点链长度。因此，企业的职责链的长度不是唯一，最大长度和最小长度是最基本的。今后，研究职责链具有重要的意义。

因此，人与人之间的差别仅体现在责权利上。而对责权利来说，每个人都对自己的责权利负责，这同样是平等的。

平等管理的基本原则是尊重人、尊重人格、尊重人性。在管理方面人人平等；在责任方面人人平等。特别值得一提的是，上级尊重下级是十分重要的。

平等管理的目标是，在企业（组织）中通过树立员工人人平等的理念，创造出一个良好的共享知识的企业文化氛围与环境，以保护每一位员工的参与意识，激发每一位员工的积极性和创造性，有利于知识的创造、分配、交换、使用；有利于企业（组织）管理能力与水平提高；有利于实现企业（组织）的目标。

与大企业相比，中小企业因规模小、管理层次扁平，员工熟知，有利于开展平等管理。也就是说，在中小企业中，实施平等管理实现知识创新，进而实现知识管理，提高创新能力与竞争能力，为应对金融危机及市场风险的困境奠定坚实的基础。

三、构建中小企业知识管理体系

中小企业如何进行平等管理呢？我们认为应以平等管理与客户价值①为出发点，利用 ISO9000 管理体系建立知识管理体系。

为促进中小企业自主创新，实施平等管理的一个重要目的是，有利于隐性

---

① 客户价值是指对企业最高管理者、管理层、员工，以及企业合作伙伴都有价值。

知识显性化和编码化。中小企业通过 ISO9000 的质量认证来实现将大量隐性知识提升到程序性与操作性文件中来，使其显性化。因此，依照知识管理的要求以及 ISO9000 质量管理体系（2000），参照知识管理体系①，基于中小企业的特点，我们认为它的知识管理体系具有低成本特点。基于应以市场为导向，与业务结合，选取切入点；以员工需求为核心、认可、尊重、鼓励员工的创造力，营造分享的创新文化氛围，构建与维护知识分享平台，我们提出中小企业知识管理体系包括三大方面。

（1）自主创新制度知识体系②。从知识管理的观点来说，机制制度与文化建设都是知识，也都是重要的竞争力。机制制度的作用得到普遍认可与重视，但随着机制制度不断完善，人们已经认识到机制制度不是万能的，并且机制制度的成本是巨大的，而文化建设的作用是不可缺失的。文化建设远没有得到足够重视，其作用远没有得到发挥。究其原因是，建立机制制度解决问题相对来说简单、立竿见影，而营造文化解决问题则需要一个比较长的过程。然而，机制制度的作用是递减的，但文化建设的作用是递增的。对于中小企业自主创新制度知识体系来说，这一点尤为重要。自主创新机制制度是基本的，也受到注重，但往往忽视自主创新文化建设。这种现实应引起关注，这就是我们提出制度知识体系的缘由，它包括自主创新方面所有的机制制度与文化建设，即创造的自主创新的制度知识，它们都是知识，并形成一个知识体系。为此，利用机制制度与文化建设互补辩证关系，结合企业自主创新战略，分析确定机制制度与文化建设在自主创新中的定位与功能，建立一个机制制度与文化建设的自主创新制度知识体系，具有重大的理论意义。

在自主创新制度知识体系中，不仅涉及政治、经济、社会、生态环境、资源、家庭，更涉及政府、研究院所、高等学校、企业、科技中介机构以及个人等利益主体及其他们的风险态度与心理行为。不可否认，这些利益主体有共同的目标利益，也有各自对立的利益。因此实施自主创新，关键是在分析不同利益主体的利益行为与目标基础上，建立包括机制制度与文化建设的自主创新制度知识体系，能够正确处理不同利益主体的矛盾关系，有利于营造自主创新机制制度与文化环境，有利于学术创新、交流、争鸣与行为规范，有利于促进产

---

① 参见刘宇、葛新权：企业知识管理体系初探，中央社会主义学院学报，2000 年第 12 期。

② 国内外在研究自主创新机制制度与文化建设方面取得一些成果，但它们都是从一般视角和方法研究，忽视了机制制度与文化建设中利益主体的博弈心理行为影响，没有抓住它们之间的辩证关系。本项目以科学发展观为指导，利用博弈论与实验经济学实验方法，揭示利益主体博弈心理行为规律，提出制度知识与制度知识体系概念，研究北京市自主创新机制制度与文化建设的创新问题，构建科技北京行动计划实施体系，支持科技北京建设，服务于北京市经济社会发展，在国内外属于首创，对我国软科学理论研究与应用也将起到积极的促进作用。

学研联盟，有利于真正落实"尊重知识、尊重人才、尊重创新"，具有重大的现实指导价值。

（2）自主创新管理体系。根据企业知识管理体系，结合中小企业这个体系包括：一是企业（组织）最高管理者的管理职责，主要是制定企业知识管理战略，特别建立知识创新激励机制、制度和政策，确立企业知识管理的方针和目标；建立核心能力的动态联盟，提高企业核心竞争能力；塑造知识型企业的企业文化，提高员工素质；建立新的资源分配机制和原则，即包括非知识资源，也包括知识资源的分配；主持知识管理体系的管理评价；实施企业再造，建立知识型企业的组织机构。二是设置知识主管（CKO），负责企业知识管理工作，这是实施知识管理的关键。CKO 的基本功能是开发、应用和发挥企业所有员工的智力、知识创新能力以及集体的智慧和创造力。CKO 主要任务就是要创造、使用、保存和转让知识。三是市场分析与顾客需求分析。对知识、技术、资本、资源、产品等市场进行分析，对知识、技术和产品的发展进行预测，对产品的市场占有率和竞争力进行分析；在对顾客调查的基础上，作出顾客现在的需求分析、顾客的未来的需求分析、顾客的未知需求分析。四是知识资源管理。建立人力资本投资和管理体系；建立知识库，增加知识存量，调整知识结构，保证企业知识共享。五是企业（组织）知识管理运作过程。建立知识管理运行机制，进行企业（组织）知识生产、交换、整合、内化的管理，促进知识再生产过程形成良性循环，规避企业（组织）知识管理中的风险。六是知识管理的评价和改进。建立知识管理的评价原则；提出知识管理的评价方法；制定知识管理的评价体系；实施顾客满意度评价，并及时进行知识管理改进。也就是说，只要我们依据这一体系来重构企业（组织）管理结构，即在该体系的每个方面都能坚守平等管理的思想，制定出具有相互性的管理职责，就能使每个员工有平等的管理责权利，也就能够创造出真正的有利于知识管理的氛围。

（3）自主创新知识共享体系。在中小企业，通过开展个人学习与组织学习，并且把个人学习变成组织学习、个人学习能力变成为组织学习能力、个人知识变成组织知识，在保护个人知识利用的同时，促进知识共享。在学习中，应注重基于胜任能力，结合个人能力素质评价，找出员工能力的差距，制订并实施针对性学习计划，培训或培养胜任能力；注重知识共享，把绩优员工的经验转化为组织的知识和标准，实现所有员工共享；注重制度体系，以个人发展需求出发，建立学习制度、培训与培养制度与知识共享制度，利用各种培养方法①，激励与保证知识最大限度共享。为此，建立自主创新知识共享体系十分必要，设置专门的知

---

① 包括知识共享、离岗集中培训、导师制、问题小组、研究性学习，以及自我培训、现场诊断、模拟训练、现场示范、技能竞赛、挑战性工作等。

识管理中心是重中之重。知识管理中心应基于企业战略，建立知识共享机制制度，保证知识共享有效运作。它的最重要任务是推进企业的知识共享，围绕知识共享，建立企业知识学习制度，开展学习实践活动；最主要的工作是跟踪业务部门、知识转化、知识共享，实现企业产品与服务创新；最核心的任务是对企业业务部门进行跟踪，将个人经验知识转化为企业知识，实现知识最大化，从而建立互动共享的知识管理机制或平台，实现企业自主创新能力的提升。

第四章
隐性知识显性化

在知识管理中，把隐性知识显性化是实现知识共享的重要内容。这样，个人知识成为组织知识，将产生巨大的价值。

第一节　隐性知识管理方法[①]

一、显性化

知识管理是以知识为核心的管理，按照协作和信任的原则建立起开放的企业内外部交流环境，通过知识共享和应用集体的智慧提高企业应变和创新能力的一种全新的管理模式。事实上，知识管理的概念不仅仅是针对知识本身的获取、加工、存储、传播、创造和应用的管理，还包括对与知识有关的各种资源和无形资产的管理。

知识管理主要涉及四个运作过程，它们是知识集约、知识应用、知识交流和知识创新。知识集约过程是对现有的知识（包括组织内部和外部的知识）进行收集、整理、分类和管理的过程；知识集约过程通常包含了隐性知识显性化和显性知识综合化这两个模式的知识转化。知识应用过程是利用集约而成的显性知识去解决问题的过程，也是显性知识内部化的过程。知识交流过程指通过交流来扩展系统整体知识储备的过程。知识创新过程指整体的知识储备扩大并由此产生出新概念、新思想、新体系的过程；知识创新过程是前述三个过程相

---

① 参见张文婷；葛新权；张少辉：《中国企业隐性知识管理的障碍及其对策》，载《现代商贸工业》2008 年第 12 期。

互作用的结果。

二、隐性知识管理的方法

野中郁次郎等人在《知识创造公司》(*The knowledge-creating Company*) 一书中提出了 SECI 模型。SECI 分别代表 socialization（社会化）、externalization（外在化）、combination（组织化）、internalization（内在化）（见表4-1）。

表4-1　　　　　　　　　　　　　　　　SECI 模型

From/To	隐性（Tacit）知识	显性（Explicit）知识
隐性（tacit）知识	socialization	externalization
显性（explicit）知识	internalization	combination

社会化（socialization），即个人间隐性知识的分享过程，主要是通过观察、模拟和亲身实践来传递隐性知识。最典型的方式是师传徒受。由于新知识的产生往往来源于个人，因此可以将其看作知识运动的起点。

外在化（externalization），即隐性知识外化的过程，主要通过类比、隐喻假设、深度交谈等方式进行。目前一些人工智能技术，如挖掘系统、专家系统为隐性知识的外化提供了帮助。

组合化（combination），即外化产生的显性知识往往是零散的，只有通过汇总结合才能形成能够被更多人共享的结构化知识。目前，文档管理、内容管理、数据仓库等都是实现结合的有效手段。

内在化（internalization），即将结构化的显性知识变成组织成员的隐性知识。结构化的显性知识可以更加流畅地被组织成员共享，内化为组织成员的隐性知识，并将其更好地应用到工作中。目前，电子社区、E-learning、微信系统为知识的内隐化创造了更好的条件。

另外，组合化也是从显性知识到显性知识的管理，我们在此只讨论隐性知识的管理，故对这个方面不详加分析。

（一）基于项目团队和实践社团的隐性知识管理方法

实践社区的概念是由艾蒂安·温格（Etienne Wenger）在 1998 年正式提出。从本质上说，实践社团是一个非正式组织，其基本目标是学习和交流内部成员所拥有的知识，特别是隐性知识。

实践社团不同于一般意义上的团体，主要具有以下特点：

（1）一个实践社区不是一张简单的关系网。社区成员是因为共同兴趣而走到一起的。

（2）社团就是因为对于知识领域的共同兴趣，而参加一些相关活动和讨论，帮助别人解决问题和分享一些心得体会。另外，社团成员不一定要每天都工作在一起，他们可能是利用业余时间进行讨论。

（3）实践是实践社团的核心内容。社团成员通过实践来分享知识，交流经验。实践的内容不仅涉及现有的知识，还包括知识领域的最新进展，而且要通过实践创造出有价值的知识产品。

企业是一个利益综合体，虽然每个员工利益不同，但总是存在诸多员工利益的结合点，因此就会形成利益群体。在拥有共同利益的前提下，员工就会在无形的接近中实现隐性知识的共享。与实践社区相类似，项目团队的成员是基于相同的项目目标而走到一起的，在项目由建立到完成的整个过程中，企业层面和团队层面之间，各个层面内部都发生着员工之间的交往、沟通、协作，形成了层内互动和层间互动。另外，从项目团队的发展过程来看，其发展大致分为形成、整合、完善、实施、转型五个阶段。在前四个阶段，项目团队的密切性在不断加强；而到了项目转型阶段，随着团队的解散，密切性相对弱化。但是整个项目的合作使得团队成员彼此认识，交流了各自的经验，使知识达到了共享，并且同时又产生了新的知识。

（二）知识地图

如前所述，知识地图是通过一种可视化的手段对知识及知识载体本身及其相互关系的描述，为组织内的知识共享和知识创新提供了工具。它主要是依靠超文本和超媒体技术，实现对知识资源的动态描述和整合。在知识地图中，有两种图可以用于隐性知识的管理：一是认知地图（也称为方法图或过程图），可以帮助隐性知识的表达。二是专家图，可以帮助隐性知识的交流传播。认知地图是一种用图表反映某个人或是某些人的思维模型。它是由想法节点和想法间的链接两部分组成的，而这种链接是有方向性的，而且通常都是一种动态链接，可以随时进行修改和添加。链接的两头所连接的想法之间一般具有解释关系、因果关系或是手段目标的关系。认知地图可以将组织内部成员做出判断、解决问题的过程逐一记录下来，同时将其反映为一种思考过程图呈现出来。具体过程如下：通过文件收集已存在的想法→收集建构认知地图的信息→将所有的想法用一种合理的顺序串联出最终的地图。由于构建信息通常都是隐性信息，所以并不拘泥于一种固定的交流模式。

认知地图能够实现思考模型的形成，能够使想法澄清或者直接架构起来，它是一种适合交流想法的工具。因此认知地图可以使隐性知识得以清晰地表达，可以被准确记录和再学习。

专家图的节点是一个个的知识载体——人，链接所表示的是通往每个知识载体的路径和交流的环境，并且可以用链接的长短和粗细来表示可获取知识的便利程度和知识载体的相关知识保有量。

专家图对于隐性知识的交流传播的作用可以归纳为：

（1）专家图直接表示组织的知识、知识载体、各部门之间的相互关系，它清晰地表示了组织内部知识资源的分布情况，为组织促进知识流动提供了依据。

（2）专家图描述组织内部的智力资本，有利于组织对其所有的隐性知识进行维护、开发、利用，尽量防止隐性知识的无端流失。

（3）专家图为组织内部成员的知识交流提供了方向，也为成员的相互学习提供了途径。

第二节　隐性知识显性化方法

企业中隐性知识显性化是知识管理中的重要内容，如何在良好的隐性知识显性化的氛围下，从实际出发，运用具体的方法去挖掘企业的关键隐性知识，提高企业的核心竞争力和竞争优势，一直是企业十分关注的议题。

一、隐性知识显性化方法研究的意义

隐性知识显性化的方法研究对于企业发展有着重要意义。一是它可以最大限度减少重复劳动，有效缩短企业运行循环时间。二是加快知识和信息的流动，有利于知识的共享与交流。三是丰富企业知识系统。四是使得企业原本零散混乱的知识得到系统化的集中管理，提高知识使用效率及知识创新能力。五是很多曾被忽视的关键性知识得以发现，从而会助力企业成为同行的领跑者。

野中郁次郎认为，隐性知识是高度个人化的知识，具有难以规范化的特点，因此不易传递给他人；它深深的植根于行为本身和个体所处环境的约束，包括个体的思维模式、信仰观点和心智模式等。因此，如何有效地将隐性知识显性化，其方法的研究就尤为重要。但是，从 2005 年至今，在中国知网全文数据库所收录的期刊文献中，关于"隐性知识显性化"方面的共有近 587 条结果，但其中关于"隐性知识显性化方法"的仅有 6 篇，其中涉及企业方面的仅 2 篇。在其他相关论文中，提到具体的方法的仅有 15 篇，并且多数论文对于隐性知识显性化的方法的叙述只是蜻蜓点水，点到为止，没有详细的叙述。

二、企业内隐性知识显性化方法分析

野中郁次郎（Nonaka）和竹内广隆（Konno）的 SECI 模型生动地叙述了隐性知识转化的各个过程。下面主要研究的是在个人配合的前提下，如何将个人的隐性知识转化为个人显性知识或组织显性知识，并根据现已有的实践及相关资料对各类方法及其作用、不足进行了总结归纳，同时对各类方法做了进一步的推进。

（一）师傅带徒弟方法

在师傅带徒弟方法中，徒弟通过不断地观察、模仿、亲身实践来实现知识的转移，这是一个分享经验、形成共有思维模式和技能的过程。竹内弘高和野中郁次郎合著的《知识创造的螺旋》中所讲的松下公司研制新型家用烤面包机的过程就是个典型的例子。

罗金凤、董玉涛在《浅谈隐性知识显性化的难点及对策》一文中提出的北河铁矿要"加强'师带徒'培养机制"。但是师傅带徒弟的过程中，很有可能最终的结果只是实现隐性知识在个体间的转移，徒弟通过勤观察、多思考、细钻研、虚心向师傅请教，可以说是靠模仿、实践来学习，边学边干，最终获取知识，但知识并没有得到显性化，尤其是技能方面的知识。因此，在师傅带徒弟的过程中，首先要求徒弟明确目标，即将整个过程给予简单明了确切的表达，方便其他人今后的学习；另外，徒弟要兼备学习的心态，一丝不苟，务实地将所有关键性的知识表述到位。

（二）长期访谈观察法

长期访谈法针对的是那些理论性比较强，强烈依附于个人头脑中，并且拥有者也没有清晰的认识的知识。一旦掌握这类知识的人才流失，将会给企业带来较大损失，在用好的条件留住人才的同时，将其隐性知识显性化，从而减少人才流失带来的风险。此时便需要专职人员或者级别较高的管理者通过与员工详细地交流和沟通，长期观察，一起找出问题的关键点与知识点。这个过程中必须注意几点，一是不要急于求成，不然可能会导致"偷鸡不成反蚀把米"，二是要放低姿态，顾及员工感受，三是一旦成功得到知识，要给员工一定报酬，以免员工故意设置转化障碍。

（三）对比总结归纳法

对于业务明显突出的个人或团队，他们是如何提高绩效的，他们的方法是否具有可复制性，如果答案是肯定的，将这些隐性知识挖掘出来，将会对其他员工产生重要影响，并有助于整体绩效的提高。

余祖德在《企业内部隐性知识转化的障碍及其转化的机制》一文中提到："知识员工可以将其掌握的隐性知识的历程写出来，其他员工可以结合自己的情况去实践，在一定程度上也可以实现知识转化。"这是针对知识员工本人的，而对于那些难以不擅长自我表达或者不易直接表达的，或者表达众多，难以找出关键点的知识，最好的办法就是将有明显绩效提高者与一般者的工作所记录的工作历程作详细对比，从而总结出有效的工作经验和方法。

（四）建立零障碍网络交流平台

在《AMT 导向型企业隐性知识显性化》一文中，作者对博客（Blog）信息沟通网的作用进行了充分的阐述，充分利用新型简便的网络信息交流平台进行沟通，建立良好的网络交流平台，是企业做到隐性知识充分显性化所必需的环节。

QQ、飞信、博客、微信等，各种工具都已进入企业公务，QQ 方便快捷，飞信、微信不限场所，博客方便分享，随着智能手机的逐渐普及，大家的沟通交流几乎零障碍。现在很多企业开始着手利用 Web2.0 技术来构建隐性知识库及交互式的交流平台。利用这些平台需要注意：一是必须在一个良好氛围的前提下进行。二是员工必须对知识管理有一定的概念和意识，愿意不断提升改善自我。三是知识管理部门应该起到带头作用，然后在其他部门一一展开。四是一般通过此类方式显性化的知识都比较细微，如一个简单的概念、设计，或同事的业余才能的挖掘等；短时间可能对绩效影响不会太大，但对于员工效率和满意度的提高将有很大改善，长期会促进整个企业的和谐进步。当整个网络平台成熟起来时，企业内细节性的隐性知识显性化也将变得零障碍。

（五）构建非正式知识转化平台

余祖德等人均提到通过建立一些非正式平台来促进隐性知识显性化，如交流会、年会、舞会、酒会、午餐会等，这种平台虽然不是知识转化的正式的平台，但由于这种场所没有固定的限制，员工会减少拘束感，更容易地实现个人与个人之间隐性知识的转化。

座谈会相对于这些平台目的性则更为明确，从而有效减少偏差。联系比较密切的团体或个人定期或不定期地开展座谈会，不定话题和目标地讨论各自的工作心得体会以及对其他工作的想法或建议。参会前组织者必须有所宣传和准备，以促进员工积极思考，必须事先设定活动流程及奖励。流程可以更趋近与大家的喜好，营造一个积极活跃的氛围。这样可以让每一个参与者都能够及时快速地分享到其他同伴最新捕获的信息和研究的成果，也容易产生促使大家积极寻求进步，从而达到隐性知识显性化的效果。同时，开展座谈会还可以及时与同行进行交流，避免研究内容或过程的重复，从而可以在已有研究成果的基础上，寻找到研究的突破口和创新点。

（六）利用数据挖掘知识挖掘隐性知识

在《基于数据挖掘的隐性知识显性化及其构建》一文中，作者通过对英语教师口语语料进行分析，从母语使用、教师提问语和指令语等角度，运用关联规则探讨了教师隐性知识显性化和学生隐性知识构建的认知过程，并运用统计实验结果证明了研究方法的适用性和可行性。对于企业来说，某个员工尤其是管理者，自己的一言一行对其他员工都会有很大影响。一个绩效突出的员工可能有很多行为都受到大家的赞可，那么究竟哪些行为是对员工起关键性作用的，哪些行为能博得好感，哪些行为又是能够作为大家行为的模范，这些问题就可以通过数据挖掘知识来进行解答。知识管理者首先要建立这些行为和绩效的假设，建立关联规则，然后设计实验或者直接观察获得数据，最后再进行分析得出结论。

利用数据挖掘，可将那些无法直接由主观判断和描述的隐性知识，转化为可共享的事实和数据，这些显性化的知识将更直观地比较员工有利于绩效的提高或满意度的提升的行为、技能或工作等。但要做好数据挖掘工作，企业除了需要专业的数据挖掘人才，更需要管理者的敏锐观察力以及数据持续有效采集。

三、企业内隐性知识显性化方法的应用

施若、宗利永在《员工个体隐性知识显性化过程的各环节分析》一文中，将个体隐性知识分为技能维度与认知维度；尹丹、任科社在《企业培训中隐性知识显性化的路径探析》中将隐性知识分为认知层面的知识与技能层面的知识，再从个人和组织的层面分析各类知识的特点。我们在此基础上，针对企业内隐性知识所依附的主体不同，将企业员工分为基层员工层、中级管理者、高级管理者，根据不同级别的员工不同的特点分析其方法的运用。

（一）基层员工层隐性知识显性化

个体隐性知识的特点：一是人们容易习以为常地接受个体隐性知识的存在。

二是知识本身的复杂性和抽象性使得其不容易被明确表达。三是知识是否能够共享很大程度依赖于知识主体的自我认知。因此，个体隐性知识的显性化成果的影响因素众多，对于个体的隐性知识，显性化的程度及结果依附于个体的语言表达能力、心态，以及各方面的综合素质等。对于此类知识，显性化过程与方法如图 4 - 1 所示。

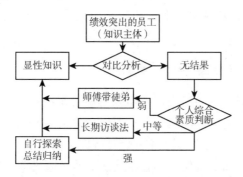

图 4 - 1　个体隐性知识显性化过程分解

如果员工综合素质能力强，并具有积极主动的特性，可让员工自行探索，即鼓励员工自觉发现问题，提出问题，寻找解决办法，并记录全过程，再共享经验；如果综合素质不强，但表达能力较好，可由专职人员进行长期访谈；如果综合素质一般，不善于表达，或者隐性知识为技能性的，可通过师傅带徒弟的方法，最终将隐性知识显性化。

(二) 中级管理层隐性知识显性化

中级管理者处于企业组织架构中的中层位置，在决策层与执行层中间具有桥梁作用。一般具有以下特点：一是知识层次上，他们一般具有较高的文化水平，在工作中有较强的自主性和独立性。二是从行为目标看，他们并不满足于一定的高薪，对工作环境、成就感和个人发展的需求与其他管理层次上的员工相比相对较强。三是从工作特点看，他们在企业中具有领导者和被领导者的双重职责，这就形成企业对中层管理者在管理技能方面的特殊要求。中层管理者的特点决定着他们拥有大量的知识资源，但他们不愿意将关键性的隐性知识显性化，从而降低自己的领导力与竞争力。

面对这种情况，采用何种方法，取决于管理者本人的意愿及企业环境。一是企业可以通过定期的工作汇报或者座谈会的形式要求中级管理者进行自我总结探索，或者归纳总结分析，从而将其他管理者脑中的知识显性化。二是如果管理者不愿与大众分享自己的知识，但一旦此人离开，对企业将会造成严重的损失，此时利用师傅带徒弟的方法和长期访谈法比较好，此时的徒弟不仅要求学习能力强、善于总结，更要求对企业的忠诚。三是如果管理者对他人心存芥蒂，平时碍于自己的威信和地位，不愿当面交流，此时企业所有的非正式交流平台就会起到作用，常言"酒后吐真言"，平时一些无目的性的活动可能让管理者之间达到某种默契或者友谊，从而将储藏在自己心中的知识无保留地透露出来。四是对于长期业绩突出的管理者，如果原因很不明了，利用数据挖掘法挖掘关键性的隐性知识，虽然成本可能比较高，但效益是绝对可观的。

（三）高级管理层隐性知识显性化

高级管理者位于企业的最高层，需要对整个组织负责。他们需要确定企业的目标，制定实现既定目标的战略和监督与解释外部环境状况以及就影响整个组织的问题进行决策。高级管理者一般具有以下特点：一是经历、经验丰富，知识体系复杂。二是知识的综合运用能力强，但不易学习模仿。三是综合素质高。四是业务繁忙，时间宝贵。

在企业高级管理者隐性知识显性化过程中，需注意：一是必须先由专业人士为高级管理者讲解他们自身隐性知识显性化的必要性，引发其主观意愿。二是将企业所需要他们提供的知识和他们所能提供的知识以及他们愿意进行共享的知识进行分类总结。三是尊重高级管理者的个人喜好，让他们自主选择喜欢的显性化的方法。四是知识管理的工作人员需要对高级管理者所显性化的知识进行整合，运用对比分析总结等方法，提炼出企业所需要的知识，如企业的管理哲学、企业的文化内涵等。五是高级管理者的隐性知识显性化后的成果，不论是个人经历还是经验、技术、智慧；对于企业员工的提高都具有很大的影响力，所以知识管理部门需要对其进行广泛的宣传，以达到预期的效果。

四、总结

隐性知识显性化对于企业核心竞争力的提升有着关键的作用，它与企业的管理实践紧密相关。我们总结分析了六种隐性知识显性化的具体方法，并针对基层员工、中层管理者、高级管理者不同的人群的特点及所适用的隐性知识显性化方法进行了分析。显性化后知识都将是企业中知识的精华，经过培养、共享和扩展应用，这些代表企业核心竞争力的技能经验诀窍智慧最终将转化为企业的最终产品、中间产品或者优质服务能力，从而提高整体的效率，使创新得以长期实现。

第三节　隐性知识的显性化^①

有人把显性知识比喻为冰山露出水面的一角，而隐性知识如同海面下的冰山，海平面则是隐性知识与显性知识的分界线。海水凝固成海底的冰，海底的冰浮出水面的过程正是隐性知识转化为显性知识的过程。隐性知识往往比显性知识更完善，更具有创造价值，专业技术人员的工作和创新都更有赖于他们所固有的隐性知识。促进知识管理内部隐性知识的显性化是知识管理中非常关键的一环。

一、知识的分类

1958 年，英国物理化学家和哲学家波兰尼在其代表作《个体知识》中首先提出了隐性知识（tacit knowledge）的术语。他认为"人类的知识有两种。通常被描述为知识的，即以书面文字、图表和数学公式加以表述的，只是一种类型的知识；而未被表述的知识，我们在做某事的行动中所拥有的知识，是另一种知识。"他把前者称为显性知识，而将后者称为隐性知识。这种分法已得到国内外同行的普遍认可。

如前所述，按照经济合作与发展组织（OECD）的定义，知识可以分为四大类：知道是什么即知事（know-What，又称事实知识）、知道为什么即知因（know-Why，又称原理知识）、知道怎样做即知窍（know-How，又称技能知识）和知道谁有知识即知人（know-Who，又称人力知识）。其中前两类知识即事实知识和原理知识是可表述出来的知识，也即我们一般所说的显性知识，而后两类知识即技能知识和人力知识则难以用文字明确表述，亦即隐性知识。

对显性知识主要是通过对其编码化、数据库化进行管理，而对隐性知识主要是将其显性化后再进行管理。显而易见，显性知识相对来说易于管理，而在实际工作中，隐性知识往往比显性知识更起作用，更有价值，同时也更难于管理。正如经济学家张维迎所说："企业最重要的竞争力是看这个企业在多大程度上积累了具有现实互补性的知识。因为这些知识是别人偷不去、买不来、拆不开、带不走的，而在这些知识和经验中，80% 都是深藏于员工内心的隐性知识。"

---

① 参见龙莎、葛新权：《促进知识管理内部隐性知识的显性化》，载《北京机械工业学院学报》，2008 年第 1 期。

二、知识的转化

如前所述，野中郁次郎和竹内弘高提出了隐性知识与显性知识之间的四种知识转换模式：一是社会化（从隐性知识到隐性知识）。二是外在化（从隐性知识到显性知识）。三是组合化（从显性知识到显性知识）。四是内在化（从显性知识到隐性知识），进而提出了四种转换模式的 SECI 螺旋模型（见图 4-1）。

社会化和外在化主要强调了知识的创造过程。社会化是新的隐性知识通过经验共享在个人间的传递，经验共享是这个转化过程的关键，而他又是通过共同活动，如在一起工作休息等途径来实现的。外在化是隐性知识明晰化进而转化为显性知识的过程。通过隐性知识的显性化，隐性知识可以在组织成员间被共享并成为创造新知识的基础。组合化和内在化主要关注知识的应用。组合化是把不同的显性知识结合起来进行排序、增删、综合并产生新的、更加系统化的知识，使得各类知识有效吸收、融合、并生成推动企业发展的创新知识。内在化通过学习使获得的知识被内化成个人的隐性知识、变成有价值的资产，是显性知识在实践中具体化进而转化为隐性知识的过程。这个过程与"干中学"的关系最密切。这四种转化是不断循环往复的，知识不断通过 SECI 模型得以螺旋式地创新（见图 4-2）。

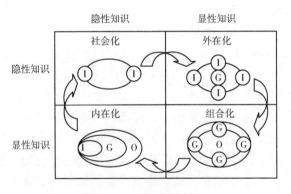

图 4-2 SECI 螺旋模型

三、隐性知识显性化的障碍

在知识管理中，隐性知识转化为显性知识是一个关键的环节，也是一个困难的环节，其中，存在着众多障碍影响着转化的顺利进行。

（一）对知识共享的偏向理解

正像达文波特（T. H. Davenport，1998）在《知识管理的若干原则》一文中认为的那样：知识的分享和利用是一种不自然的行为。人们之所以不愿与共享他们的知识，最主要是出于职业安全考虑。人们花费大量的时间进行个人的知识开发，使自己在组织中发挥更大的作用，自然而然就会产生一种"知识就是力量"的看法。出于一种个人优势累积的动机，个人在组织中将不是很愿意与他人共享自己的知识，这就是对知识共享的一种偏向理解。组织需要一个共享平台或者是激励机制来鼓励隐性知识之间的相互交流，鼓励隐性知识与显性知识之间的相互转化，鼓励组织员工在工作和学习中不断将新思想、新知识和新技能内化到实际运用中，在时间上扩大交流频率，在空间上增加交流范围，个人的隐性知识就有可能成为推动组织发展和进步的动力，真正实现个人隐性知识的集体化。

（二）组织内部缺乏知识转化的信用保证

同事之间缺乏信任感，对企业和同事的信用存在担心，也会阻碍知识的转化。当信用的理念得到个人认同后并深入组织内部时，大家之间相互信任，员工个人都将愿意贡献自己的知识，所有人都将从中受益。当这种共享行为成为大家都有所受益的共同规范的时候，个人在付出自己个人知识的同时，将知识的使用价值扩大了，同时在公众中建立的个人声望会给他带来很多有形和无形的回报。

（三）技术障碍

企业物质技术基础薄弱，缺少有效的计算机网络和通信系统，使得很多员工没有获得新知识的网络渠道；企业存在互不兼容的计算机系统，会使得各个部门之间的信息和知识无法沟通，企业整体也缺少共同的知识管理目标。这类障碍可以通过信息技术的发展来加以解决。信息技术的发展已经为知识共享开创了一条简单快捷的通道。这不仅扩大了知识共享的范围，而且极大地降低了知识共享的成本。

总结上面的因素，我们可以得出一个结论：通往成功的知识分享的道路或障碍更多的在于人的因素，人既有可能成功地创建一些知识管理计划和方案，也有可能使其遭受挫败。所以，知识管理的管理原则也要从传统管理的"以物为本"转换成"以人为本"。

四、促进隐性知识显性化的解决办法

（一）完善知识管理的领导机制

任何知识管理的共享和创新行动都需要一个领导者，都需要依赖于这个领导者来使所有利益相关者在信念和预期上取得共识。因此，知识主管（CKO）应运而生，知识主管可以从组织上保证快速收集、处理和保存大量知识，促进员工知识共享。对于知识主管来讲，他必须掌握专门的知识和技能、具备战略思考能力、有较强的组织和沟通能力等基本素质。知识主管在企业知识管理中的管理任务主要为：组织责任和技术责任。

在技术方面，知识主管需要建立传播显性知识和共享隐性知识的渠道。包括：建立目录，创建渠道；扩展内联网；支持团队工作和远程工作；建立知识库；注入外部知识；引入跨部门工具等。组织责任包括确定知识的差距；培养知识共享文化；建立适当的标准；建立实践社区；传播最佳实践、培训、流程的结构化；把局部知识联系起来等。

（二）健全知识管理的激励机制

根据著名的马斯洛需要层次理论，人们有社会交往（爱、友谊、归属感、和谐的关系）、他人的尊重信任及自我实现的需要。只要有需要，人们就会有满足这种需要的动机，这种需要就可以成为激励因素。知识管理专家玛汉·坦姆仆经过大量研究后认为，激励知识型员工的前四个因素分别是：个体成长（约占总量的34%）、工作自主（约占31%）、业务成就（约占28%）、金钱财富（约占7%）。企业要对知识共享进行激励，就是要使员工的这些需要在知识共享中切实得到满足，使员工感到从中受益。

1. 建立合理的知识薪酬体系

满足人们的物质需求，是协调和处理人际关系的基础，也构成激励的基础。然而任何薪酬体系上的不完善或不合理，都将导致组织中个体的满意度降低、跳槽率增加、管理出现比较混乱的局面。企业实施知识管理后，薪酬激励就不再仅仅是金钱的激励，而是一种复杂的激励方式，它隐含了个体对组织所作的贡献，包括他们的实际绩效，同时也包括他们对企业的"知识的贡献度"。

2. 完善的知识培训机制

对于那些对经济利益的刺激不太敏感但对进一步深造非常重视的员工，可以采用知识培训的方法来激励。事实上，知识培训是知识内隐化和企业外源知识内部化的重要途径之一，得到培训后的员工更容易做出新的知识贡献，从而形成良性循环。

3. 全面的精神激励机制

在人们低层次的要求得到满足后，就要追求社交、自尊、自我实现等精神方面的需要，此时金钱等物质手段的激励作用往往小于精神激励的作用。因此，企业应该建立一个全面的精神激励机制，具体包括：荣誉激励、成就激励、竞争激励、兴趣激励、沟通激励、参与激励、培训进修激励、关怀激励、感情激励、期望激励等方式。

4. 塑造知识分享的企业文化

实现知识共享的关键是要在企业中营造出一种员工之间互相信任、互相尊重、相互交流、共享知识、共同成长、共同发展的环境与氛围，这种环境一旦建立起来，知识共享就会成为员工日常生活的一部分，它在人们的工作方式中时刻体现出来，就像呼吸一样平常。试想，你需要花钱激励一个人进行呼吸吗？企业应该努力营造这样的环境和氛围，为知识共享创造条件。

知识共享的激励模式见图4-3。

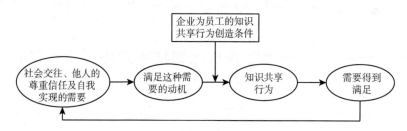

图4-3　知识共享的激励模式

（三）主动创造条件

企业的组织结构要扁平化，打破部门之间的界限，以团队为中心开展工作，有利于培养员工的合作精神；团队管理更加强调员工对管理工作的参与性，每个人都是团队中的知识贡献点和决策点，可以感到自己的权利和价值，这种工作方式最大限度地满足了个人发展的需求，员工的主动性和创造性可以得到充分发挥；团队成员间频繁的接触交流有助于产生相互吸引、相互信任并创造最佳工作效果，人们有更多的机会相互学习，共享知识。

IT技术的运用可以方便员工间的沟通交流，如在企业内部网中建立主题论坛、专家系统、知识库、知识地图等；视频聊天、视频会议工具使人们即使身处异地也能进行面对面的沟通，是促进员工间知识共享的有效手段。

另外，组建各种兴趣团体、进行午餐会、读书会等也可以很好地促进员工间的相互了解、相互沟通。

第五章
知识挖掘理论、技术与方法[①]

知识挖掘是一种具有普适性的思想，也是一种很普遍应用的方法，同时它也是一种基于计算机技术的技术性很强的方法，当然广义上讲，综述、归纳、总结（提升），以及经济模型都可以称为知识挖掘方法。

第一节　知识挖掘技术方法

从一般意义上研究知识挖掘概念、技术与方法，它是理论研究的基础，也具有普遍使用的价值。

一、广义知识挖掘

广义知识（generalization），是指描述类别特征的概括性知识。我们知道，在源数据（如数据库）中存放的一般是细节性数据，但我们有时希望能从较高层次的视图上处理或观察这些数据，通过数据进行不同层次上的泛化来寻找数据所蕴含的概念或逻辑，以适应数据分析的要求。数据挖掘的目的之一就是根据这些数据的微观特性发现有普遍性的、更高层次概念的中观和宏观的知识。因此，这类数据挖掘是对数据所蕴含的概念特征信息、汇总信息和比较信息等的概括、精炼和抽象的过程。并且，被挖掘出的广义知识可以结合可视化技术以直观的图表（如饼图、柱状图、曲线图、立方体等）形式展示出来服务用户，

① 参见葛新权、金春华、周飞跃：《基于知识挖掘的科技管理创新》，北京市哲学社会科学规划办：载《北京市哲学社会科学研究基地成果选编 2009（上、下）》，同心出版社 2009 年版。

也可以作为其他应用（如分类、预测）的基础知识。

（一）概念描述（concept description）方法

概念描述本质上是对某类对象的内涵特征进行概括，分为特征性（characterization）描述和区别性（discrimination）描述。前者描述某类对象的共同特征，后者描述不同类对象之间的区别。

概念描述是广义知识挖掘的重要方法，目前已经得到广泛研究与应用。概念归纳（concept induction）是其中最有代表性的方法，这种方法来源于机器学习。如典型的示例学习把样本分成正样本和负样本，学习的结果就是形成覆盖所有正样本但不覆盖任何负样本的概念描述。但是，要把这种思想应用到数据挖掘中需要解决两个关键问题。一是必须扩大样本集的容量和范围。传统的机器学习希望是精练的小样本集，而数据挖掘系统需要忠实于源数据，是面向大容量数据库等存储数据集的。所以，扩大后的样本集可能难于有效地精确实现"覆盖所有正样本但不覆盖任何负样本"的概念归纳目标。此时需要结合概率统计方法，在检验部分正样本或负样本情况下得到概念的描述。因此，最大限度地使用样本进行归纳就是需要解决的关键问题之一。二是对于数据挖掘系统来说，正样本来自于源数据库，而负样本是不可能在源数据库中直接存储的，但是缺乏对比类信息的概念归纳是不可靠的。因此，从源数据库中形成负样本（或区别性信息）以及相关的评价区别的度量方法等也是需要解决的另一个重要问题。

（二）多维数据分析：一种广义知识挖掘的有效方法

数据分析的经常性工作是数据的聚集，诸如计数、求和、平均、最大值等。在应用聚集函数中通常需重复计算，且计算量大，因此一种很自然的想法是，把这些汇总的操作结果预先计算并存储起来，以便于高级数据分析使用。最流行的存储汇集数据类的方法是多维数据库（Multi-dimension Database）技术。多维数据库总是提供不同抽象层次上的数据视图。例如，可以存放每周的数据，也可在月底形成月度数据，月度数据又能形成年度数据。这种模型，特别是它操作的完备性（如上钻、下钻等），可以成为广义知识发现的基础。

（三）多层次概念描述问题

由数据归纳出的概念是有层次的，例如，location 是"北京大学"，那么我们可能通过背景知识（background knowledge）归纳出"北京市""中国""亚洲"等不同层次的更高级概念。这些不同层次的概念是对原始数据的不同粒度上的概念抽象。因此，探索多层次概念的描述机制是必要的。目前，广泛讨论的概念分层（concept hierarchy）技术就是为了解决这个问题。所谓概念分层实际上就是将低层概念集映射到高层概念集的方法。在任何形式的源数据组织形式下，被存储的细节数据总是作用在一个特定的范畴内。例如，一个记录销售人员销售情况的数据库的表 SALES（ENO，ENAME，EAGE，VALUE，DEPT），它的每个属性的定义域都可能存在蕴涵于领域知识内的概念延伸。例如，所在部门 DEPT 可能在特定的条件下需要知道它所在的公司 COMPANY、城市 CITY 或国家 COUNTRY，因为更高层次的数据综合和分析是决策的基础。

目前使用较多的概念分层方法有：

（1）模式分层（schema hierarchy）。利用属性在特定背景知识下的语义层次形成不同层次的模式关联。这种关联是一种全序或偏序关系。例如，作为一个跨国公司的销售部门 DEPT 的模式分层结构可能是：

DEPT→COMPANY→CITY→COUNTRY

这种结构定义了一个属性由低层概念向高层概念的转化路径，为从源数据库中挖掘广义知识提供领域知识支撑。

（2）集合分组分层（set-Grouping hierarchy）。将属性在特定背景知识下的取值范围合理分割，形成替代的离散值或区间集合。例如，上面提到的销售年龄 EAGE，可以抽象成 $\{[20，29]，[30，39]，[0，49]，[50，59]\}$ 或者 $\{$青年，中年，老年$\}$；VALUE 可以抽象成 $\{[0，1000]，[1000，2000)，[2000，3000)，[3000，4000)，[4000，5000)，…\}$ 或者 $\{$低，中，高$\}$。

（3）操作导出分层（operation-Drived hierarchy）。有些属性可能是复杂对象，包含多类信息。例如，一个跨国公司的雇员可能包含这个雇员所在的部门、城市、国家和雇佣的时间等。对这类对象可以作为背景知识定义它的结构，在数据挖掘的过程中可以根据具体的抽象层次通过编码解析等操作完成概念的抽象。

（4）基于规则分层（rule-Based hierarchy）。通过定义背景知识的抽象规则，在数据挖掘的过程中利用这些规则形成不同层次上的概念的抽象。

概念分层结构应该由特定的背景知识决定，由领域专家或知识工程师整理成合适的形式（如概念树、队列或规则等）并输入模式库中。数据挖掘系统将在特定的概念层次上依据分层结构自动从数据库中归纳出对应的广义知识。

二、关联知识挖掘

关联知识（association）反映一个事件和其他事件之间的依赖或关联。数据库中的数据关联是现实世界中事物联系的表现。数据库作为一种结构化的数据组织形式，利用其依附的数据模型可能刻画了数据间的关联（如关系型数据库的主键和外键）。但是，数据之间的关联是复杂的，不仅是上面所说的依附在数据模型中的关联，大部分是蕴藏的。关联知识挖掘的目的就是找出数据库中隐藏的关联信息。关联可分为简单关联、时序（time series）关联、因果关联、数量关联等。这些关联并不总是事先知道的，而是通过数据库中数据的关联分析获得的，因而对决策具有新价值。

从广义上讲，关联分析是数据挖掘的本质。既然数据挖掘的目的是发现潜藏在数据背后的知识，那么这种知识一定是反映不同对象之间的关联。在上面我们提到的广义知识挖掘问题实际上是挖掘数据与不同层次的概念之间的关联。当然，这里所指的关联分析还是指一类特定的数据挖掘技术，它集中在数据库中对象之间的关联及其程度的刻画。

关联规则挖掘（association rllle mining）是关联知识发现的最常用方法。最为著名的是阿格拉沃尔（Agrawal）等提出的阿库劳瑞（Apriori）及其改进算法。为了发现有意义的关联规则，需要给定两个阈值：最小支持度（minimum support）和最小可信度（minimum confidence）。挖掘出的关联规则必须满足用户规定的最小支持度，它表示了一组项目关联在一起需要满足的最低联系程度。挖掘出的关联规则也必须满足用户规定的最小可信度，它反映了一个关联规则的最低可靠度。在这个意义上，数据挖掘系统的目的就是从源数据库中挖掘出满足最小支持度和最小可信度的关联规则。关联规则的研究和应用是数据挖掘中最活跃和比较深入的分支，许多关联规则挖掘的理论和算法已经被提出。

三、类知识挖掘

类知识（class）刻画了一类事物，这类事物具有某种意义上的共同特征，并明显和不同类事物相区别。和其他的文献相对应，这里的类知识是指数据挖掘的分类和聚类两类数据挖掘应用所对应的知识。

（一）分类

分类是数据挖掘中的一个重要的目标和任务，目前的研究在商业上应用最多。分类的目的是构建一个分类模型（称作分类器），该模型能把数据库中的数据项映射到给定类别中。要构造分类器，需要有一个训练样本数据集作为输入。由于数据挖掘是从源数据集中挖掘知识的过程，这种类知识也必须来自于源数据，应该是对源数据的过滤、抽取（抽样）、压缩以及概念提取等。从机器学习的观点，分类技术是一种有指导的学习（supervised learning），即每个训练样本的数据对象已经有类标识，通过学习可以形成表达数据对象与类标识间对应的知识。从这个意义上说，数据挖掘的目标就是根据样本数据形成的类知识并对源数据进行分类、进而也可以预测未来数据的归类。用于分类的类知识可以用分类规则、概念树，也可能以一种学习后的分类网络等形式表示出来。

许多技术都可以应用到分类应用中，下面简单介绍一些比较有代表性的被成功应用到分类知识挖掘中的技术。

1. 决策树

决策树方法，在许多的机器学习文献中可以找到这类方法的详细介绍。ID3算法是最典型的决策树分类算法，之后的改进算法包括 ID4、ID5、C45、C5.0等。这些算法都是从机器学习角度研究和发展起来的，对于大训练样本集很难适应。这是决策树应用向数据挖掘方向发展必须面对和解决的关键问题。在这方面的尝试也很多，比较有代表性的研究有阿格罗德（Agrawd）等人提出的SLIQ、SPRINT 算法，它们强调了决策树对大训练集的适应性。1998 年，米哈尔斯基（Michalski）等对决策树与数据挖掘的结合方法和应用进行了归纳。另一个比较著名的研究是格德凯（Gdrke）等人提出了一个称为雨林（rainfbrest）的在大型数据集中构建决策树的挖掘构架，并在 1999 年提出这个模型的改进算法BOAT。另外的一些研究集中在针对数据挖掘特点所进行的高效决策树裁减、决策树中规则的提取技术与算法等方面。决策树是通过一系列规则对数据进行分类的过程。采用决策树，可以将数据规则可视化，不需要长时间的构造过程，输出结果容易理解，精度较高，因此决策树在知识发现系统中应用较广。然而，采用决策树方法也有其缺点。例如，决策树方法很难基于多个变量组合发现规则，同时决策树分支之间的分裂也不平滑。

2. 贝叶斯分类

贝叶斯分类（Bayesian Classiflcation）来源于概率统计学，并且在机器学习中被很好地研究。近几年，作为数据挖掘的重要方法备受注目。朴素贝叶斯分类（Naive Bayesian Classification）具有坚实的理论基础，和其他分类方法比，理论上具有较小的出错率。但是，由于受其对应用假设的准确性设定的限制，因此需要在提高和验证它的适应性等方面进一步工作。乔姆（Jom）提出连续属性值的内核稠密估计的朴素贝叶斯分类方法，提高了基于普遍使用的高斯估计的准确性。多米文斯（Domingos）等对于类条件独立性假设（应用假设）不成立时朴素贝叶斯分类的适应性进行了分析。贝叶斯信念网络（Bayesian Belief Net-work）是基于贝叶斯分类技术的学习框架，集中在贝叶斯信念网络本身架构以及它的推理算法研究上。其中比较有代表性的工作有：拉塞尔（Russell）的布尔变量简单信念网、训练贝叶斯信念网络的梯度下降法、比英蒂尼（Biintine）等建立的训练信念网络的基本操作以及劳德茨曾（Laudtzen）等的具有蕴藏数据学习的信念网络及其推理算法 EM 等。

3. 神经网络

神经网络作为一个相对独立的研究分支已经很早被提出，有许多文献详细介绍了它的原理。由于神经网络需要较长的训练时间和其可解释性较差，为它的应用带来了困难。但是，由于神经网络具有高度的抗干扰能力和可以对未训练数据进行分类等优点，又使得它具有极大的诱惑力。因此，在数据挖掘中使用神经网络技术是一件有意义但仍需要艰苦探索的工作。在神经网络和数据挖掘技术的结合方面，一些利用神经网络挖掘知识的算法被提出。例如，卢（Lu）和塞蒂奥诺（Setiono）等提出的数据库中提取规则的方法、威德罗（Widrow）等系统介绍了神经网络在商业等方面的应用技术。

神经网络基于自学习数学模型，通过数据的编码及神经元的迭代求解，完成复杂的模式抽取及趋势分析功能。神经网络系统由一系列类似于人脑神经元一样的处理单元（node）组成，结点间彼此互连，分为输入层、中间（隐藏）层、输出层。

神经网络通过网络的学习功能得到一个恰当的连接加权值，较典型的学习方法是 BP（Back-Propagation）。通过将实际输出结果同期望值进行比较，调整加权值，重新计算输出值，使得误差梯度下降。不断重复学习过程，直至满足终止判断条件。

神经网络系统具有非线性学习、联想记忆的优点，但也存在一些问题，如神经网络系统是一个黑盒子，不能观察中间的学习过程，最后的输出结果也较难解释，影响结果的可信度及可接受程度；又如，神经网络需要较长的学习时间，当数据量大时，性能会出现严重问题。

4. 遗传算法与进化理论

遗传算法是基于进化理论的机器学习方法，它采用遗传结合、遗传交叉变异以及自然选择等操作实现规则的生成。

进化式程序设计（evolutionary programming）方法原则上能保证任何一种依赖关系和算法都能用这种语言来描述。这种方法的独特思路是：系统自动生成有关目标变量对其他多种变量依赖关系的各种假设，并形成以内部编程语言表示的程序。内部程序（假设）的产生过程是进化式的，类似于遗传算法过程。当系统找到较好地描述依赖关系的一个假设时，就对这程序进行各种不同的微小修正，生成子程序组，然后再在其中选择能更好地改进预测精度的子程序进行尝试，如此循环，直到最后获得达到所需精度的最佳程序为止。

5. 类比学习

最典型的类比学习（analogy learning）方法是 k - 最临近（k-nearest neighbor classification）方法，它属于懒散学习法，相比决策树等急切学习法，具有训练时间短但分类时间长的特点。k - 最临近方法可以用于分类和聚类中。基于案例的学习（Case-Based Learning）方法可以应用到数据挖掘的分类中，它的基本思想是：当对一个新案例进行分类时，通过检查已有的训练案例找出相同的或最接近的案例，然后根据这些案例提出这个新案例的可能解。利用案例学习来进行数据挖掘的分类必须要解决案例的相似度度量、训练案例的选取以及利用相似案例生成新案例的组合解等关键问题，并且它们也正是目前研究的主要问题。这种方法的思路非常简单，当预测未来情况或进行正确决策时，系统寻找与现有情况相类似的事例，并选择最佳的相同的解决方案，这种方法能用于很多问题求解，并获得好的结果，其缺点是系统不能生成汇总过去经验的模块或规则。

6. 其他

非线性回归方法的基础是，在预定的函数的基础上，寻找目标度量对其他多种变量的依赖关系。这种方法在金融市场或医疗诊断的应用场合，可以比较好的提供可信赖的结果。

其他方法还有粗糙集（rough set）、模糊集（fuzzy set）方法等。粗糙集理论和模糊集理论都是针对不确定性问题提出的，它们既相互独立，又相互补充。粗糙集方法与传统的统计及模糊集方法不同的是：后者需要依赖先验知识对不确定性的定量描述，如统计分析中的先验概率、模糊集理论中的模糊度等；而前者只依赖数据内部的知识，用数据之间的近似来表示知识的不确定性。用粗糙集来处理不确定性问题的最大优点在于，它不需要知道关于数据的预先或附加的信息，而是通过粗糙集中下近似和上近似两个定义，来实现从数据库中发现分类规则等工作。利用粗糙集进行分类知识挖掘就是将数据库中的属性分为条件属性和结论属性，对数据库中的元组根据各个属性不同的属性值分成相应的子集，然后对条件属性划分的子集与结论属性划分的子集之间的上下近似关系生成判定规则。

（二）聚类

聚类是把一组个体按照相似性归成若干类别，它的目的是使得属于同一类别的个体之间的差别尽可能的小，而不同类别上的个体间的差别尽可能的大。数据挖掘的目标之一是进行聚类分析。通过聚类技术可以对源数据库中的记录划分为一系列有意义、有序的子集，进而实现对数据的分析。例如，一个商业销售企业，可能关心哪类客户对指定的促销策略更感兴趣。聚类和分类技术不同，前者总是在特定的类标识下寻求（判别）新元素属于哪个类，而后者则是通过对数据的分析比较生成新的类标识。聚类分析生成的类标识（可能以某种容易理解的形式展示给用户）刻画了数据所蕴含的类知识。当然，数据挖掘中的分类和聚类技术都是在已有的技术基础上发展起来的，它们互有交叉和补充。

目前，数据挖掘研究中的聚类技术研究也是一个热点问题。1999 年，杰恩（Jain）等给出了聚类研究中的主要问题和方法。聚类技术主要是以统计方法、机器学习、神经网络等方法为基础的。作为统计学的一个重要分支，聚类分析已经被广泛地研究和应用。典型相关回归分析（regression analysis）、判别分析（discdmi elation analysis）和聚类分析是三大多元数据分析方法。比较有代表性的聚类技术是基于几何距离度量的聚类方法，如欧式距离、曼哈坦（manhattan）距离、明考斯基（minkowski）距离等。在机器学习中，聚类属于无指导学习（unsupervised Learning）。因此聚类和分类学习不同，它没有训练实例和预先定义的类标识。在很多情况下，聚类的结果是形成一个概念，即当一组数据对象可以由一个概念（区别于其他的概念）来描述时，就形成一个簇，也被称为概念聚类（concept clustering）。所以，一些问题可能不再是传统统计方法中的几何距离所能描述的，而是根据概念的描述来确定。目前数据挖掘的聚类技术也使用了一些其他技术，如神经网络、粗糙/模糊集等。

2000 年，韩（Han）等归纳了基于划分、层次、密度、网格和模型五大类聚类算法。下面我们将根据目前发展情况，以这五大类为基准简要阐述一些比较有代表性的方法：

1. 基于划分的聚类方法

k - 平均算法是统计学中的一个经典聚类方法，但只有在簇平均值被预先定义好的情况下它才能被使用，加之对噪声数据的敏感性等，使得它对数据挖掘的适应性较差，因此，出现了一些改进算法。主要有考夫曼（Kaufmar）等的 k - 中心点算法 PAM 和克莱尔（Clare）算法；黄（Huang）等提出的 k - 模 k - 原型方法；布拉德利（Bradley）和法耶德（Fayyad）等建立的基于 k - 平均的可扩展聚类算法。其他有代表性的方法有 EM 算法、克拉拉（Clarans）算法等。基于划分的聚类方法得到了广泛研究和应用，但是，对于大数据集的聚类仍需要进一步的研究和扩展。

2. 基于层次的聚类方法

通过对源数据库中的数据进行层次分解，达到目标簇的逐步生成。有两种基本的方法：凝聚（agglomeration）和分裂（division）。凝聚聚类是指由小到大（开始可能是每个元组为一组）逐步合并，直到每个簇满足特征性条件。分裂聚类是指由大到小（开始可能为一组）逐步分裂，直到每个簇满足特征性条件。考哈尔（kauharl）等详细介绍了凝聚和分裂聚类的基本方法；张（Zhang）等提出的利用 CF 树进行层次聚类的伯思（Birth）算法；古拉（Gula）等提出的格雷（Cure）算法、罗克（Rock）算法；卡里皮斯和韩（Karypis & Han）等提出的变色龙（chameleon）算法。

3. 基于密度的聚类方法

基于密度的聚类方法是通过度量区域所包含的对象数目来形成最终目标的。如果一个区域的密度超过指定的值，那么它就需要进一步分解成更细的组，直到所有的分组满足用户预设的要求。这种聚类方法相比基于划分的聚类方法，可以发现球型以外的任意形状的簇，而且可以很好地过滤孤立点（outlier）数据，对大型数据集和空间数据库的适应性较好。

比较有代表性的工作有，1996 年埃斯特（Ester）等提出的 DBSCAN 方法、1998 年霍姆伯格（Himeburg）等提出的基于密度分布函数的 DENCLUE 聚类算法、1999 年埃克斯特（Ankerst）等提出的 OPTICS 聚类排序方法。基于密度的聚类算法大多还是把最终结果的决定权（参数值）交给用户决定，这些参数的设置以经验为主，对参数设定的敏感性较高，即较小的参数差别可能导致区别很大的结果，所以这类方法有待解决如此问题。

4. 基于网格的聚类方法

这种方法是把对象空间离散化成有限的网格单元，聚类工作在这种网格结构上进行。1997 年王（Wang）等提出的斯特林（String）方法是一个多层聚类技术。它把对象空间划分成多个级别的矩形单元，高层的矩形单元是多个低层矩形单元的综合。每个矩形单元的网格收集对应层次的统计信息值。该方法具有聚类速度快、支持并行处理和易于扩展等优点，受到广泛关注。另外一些有代表性的研究有，谢霍埃斯拉米（Sheikholeslami）等提出的通过小波变换进行多分辨率聚类方法（wavecluster），阿格拉沃尔（Agrawal）等提出的把基于网格和密度结合的高维数据聚类算法（CLIQUE）等。

5. 基于模型的聚类方法

这种方法为每个簇假定一个模型，寻找数据对给定模型的最佳拟合。目前研究主要集中在利用概率统计模型进行概念聚类和利用神经网络技术进行自组织聚类等方面。它需要解决的主要问题之一仍然是如何适用于大型数据库的聚类应用。

最近的研究倾向于探索利用多种技术的综合性聚类方法，以解决大型数据库或高维数据库等的聚类挖掘问题。一些焦点问题也包括孤立点检测、一致性验证、异常情况处理等。

四、预测型知识挖掘

预测型知识（prediction）是指由历史的和当前的数据产生的并能推测未来数据趋势的知识。这类知识可以被认为是以时间为关键属性的关联知识，因此上面介绍的关联知识挖掘方法可以应用到以时间为关键属性的源数据挖掘中。从预测的主要功能上看，主要是对未来数据的概念分类和趋势输出。上面介绍的分类技术可以用于产生具有对未来数据进行归类的预测型知识。统计学中的回归方法等可以通过历史数据直接产生对未来数据预测的连续值。因而这些预测型知识已经蕴藏在诸如趋势曲线等输出形式中。所以，一些文献，把利用历史数据生成具有预测功能的知识挖掘工作归为分类问题，而把利用历史数据产生并输出连续趋势曲线等问题作为预测型知识挖掘的主要工作。这种说法有它的合理性。进一步说，分类型的知识也应该有两种基本用途：一是通过样本子集挖掘出的知识的目的只是用于对现有源数据库的所有数据进行归类，以便现有的巨大源数据在概念或类别上被"物以聚类"。二是有些源数据尽管它们是已经发生的历史事件的记录，但是存在对未来有指导意义的规律性东西，如总是"老年人的癌症发病率高"。因此，这类分类知识也是预测型知识。

预测型知识的挖掘也可以借助于经典的统计方法、神经网络和机器学习等技术，其中经典的统计学方法是基础。

（一）趋势预测模式

主要是针对那些具有时序（time series）属性的数据，如股票价格等，或者是序列项目（sequence items）的数据，如年龄和薪水对照等，发现长期的趋势变化等。有许多来自于统计学的方法经过改造可以用于数据挖掘中，如基于 n 阶移动平均值（moving average of order n）、n 阶加权移动平均值、最小二乘法等的回归预测技术。另外，一些研究较早的数据挖掘分支，如分类、关联规则等技术也被应用到趋势预测中。

（二）周期分析模式

主要是针对那些数据分布和时间的依赖性很强的数据进行周期模式的挖掘。例如，服装在某季节或所有季节的销售周期。近年来这方面的研究备受关注。除了传统的快速傅里叶变换（FFT）等统计方法及其改造算法外，也从数据挖掘研究角度进行了有针对性的研究，如 1999 年韩等提出了挖掘局部周期的最大自模式匹配集方法。

（三）序列模式

主要是针对历史事件发生次序的分析形成预测模式来对未来行为进行预测。例如，预测"三年前购买计算机的客户有很大概率会买数字相机"。主要工作包括1998年扎基（Zaki）等提出的序列模式挖掘方法，以及2000年韩等提出的一个称为弗里斯潘（Freespan）的高效序列模式挖掘算法等。

（四）神经网络

在预测型知识挖掘中，神经网络也是很有用的模式结构。但是，由于大量的时间序列是非平稳的，其特征参数和数据分布随着时间的推移而发生变化。因此，仅通过对某段历史数据的训练来建立单一的神经网络预测模型，还无法完成准确的预测任务。为此，人们提出了基于统计学等的再训练方法。当发现现存预测模型不再适用于当前数据时，对模型重新训练，获得新的权重参数，建立新的模型。

五、特异型知识挖掘

特异型知识（exception）是源数据中所蕴含的极端特例或明显区别于其他数据的知识描述，它揭示了事物偏离常规的异常规律。数据库中的数据常有一些异常记录，从数据库中检测出这些数据所蕴含的特异知识是很有意义的。例如，在Web站点发现那些区别于正常登录行为的用户特点可以防止非法入侵。特异型知识可以和其他数据挖掘技术结合起来，在挖掘普通知识的同时进一步获得特异知识。例如，分类中的反常实例、不满足普通规则的特例、观测结果与模型预测值的偏差、数据聚类外的离群值等。

下面的一些问题，可以帮助我们了解特异型知识挖掘的任务和方法。

（一）孤立点分析

孤立点（outlier）是指不符合数据的一般模型的数据。在挖掘正常类知识时，通常总是把它们作为噪声来处理。当人们发现这些数据可以为某类应用（如信用欺诈、入侵检测等）提供有用信息时，就为数据挖掘提供了一个新的研究课题，即孤立点分析。发现和检测孤立点的方法已被广泛讨论，主要有基于概率统计、基于距离和基于偏差等检测技术的三类方法。1994年，巴尼特（Barnett）等建立了基于统计方法的孤立点检测概念。基于距离的孤立点检测方法被克诺尔（Knorr）和吴（Ng）等在一系列文献中详细描述。目前，孤立点分析作为信用卡欺诈、网络非法入侵等安全检测手段成为很有应用价值的研究分支。

（二）序列异常分析

异常序列（exceptional sequence）分析是指在一系列行为或事件对应的序列中发现明显不符合一般规律的特异型知识。发现序列异常的规律对于银行、电信等行业的商业欺诈行为预防以及网络安全检测等都是极具吸引力的。

（三）特异规则发现

典型的关联规则挖掘中，总是重视那些高支持度和可信度的规则，因此对那些虽然具有低支持度但可能很有价值的规则，即特异规则，无法产生和评价。因此，特异规则的挖掘需要突破传统关联规则挖掘的框架，探讨新方法。

上面我们以知识类型为主线介绍了数据挖掘的主要技术和方法。从知识的形态上看，它可以是规则、概念描述，也可能是某种蕴藏知识的模式框架（如神经网络），还可以是推理出的结果输出（如趋势预测图）。当然，数据挖掘作为一个多学科交叉研究领域，它的研究范围越来越广泛，以上不可能包括它的所有方面。但是，从上面的叙述中，我们可以看出它的研究所要达到的目标和主流技术及趋势。

第二节　文本挖掘技术方法

知识挖掘可分为数据挖掘（data mining，DM）与文本挖掘（text mining，TM）两大类。前者处理结构化（structured）资料，即每笔资料有共同字段可记录于数据库，而后者处理非结构化（unstructured）资料，即每笔资料没有共通的结构性可言，经常为长短不一、记载讯息的自由文字。知识挖掘的步骤大致分为：

（1）数据搜集。

（2）数据清理。

（3）数据转换。

（4）挖掘技术运用。

（5）结果呈现与解读。

而知识挖掘采用的方法，主要有：

（1）关联分析（association）。

（2）分类（classification）。

（3）归类（clustering）。

（4）摘要（summarization）。

（5）预测（prediction）。

（6）序列分析（sequence analysis）。

由于对象特性的不同，数据挖掘（DM）与文本挖掘（TM）在步骤与方法的技术细节上都有所差异。文本挖掘运用的技术，几乎都跟词汇的频率与出现篇数有关，但这两项信息在数据挖掘中极少用到。数据挖掘主要运用于大型数据库上，提供数据库管理系统额外的资料分析与统计功能；而文本主要运用在大量的文件库上，为信息搜寻、信息过滤、事件关联、趋势预测、犯罪分析、案例追踪、知识萃取、知识管理、决策辅助等所用。数据挖掘在传统数据库的运用上已算相当成熟，文本挖掘在各领域也日益受到重视。

一、文本挖掘的概念

文本挖掘作为知识挖掘的一个新主题，引起了人们的极大兴趣，同时，它也是一个富于争议的研究方向，目前尚无统一的定义。

文本挖掘（text mining），是指从文本数据中抽取有价值的信息和知识的计算机处理技术。借鉴郭冲阳（Choon Yang Quek）对 Web 挖掘的定义，这里给出文本挖掘的定义：文本挖掘是指从大量文本的集合 C 中发现隐含的模式 p。如果将 C 看作输入，将 p 看作输出，那么文本挖掘的过程就是从输入到输出的一个映射 ξ：C→p。

文本挖掘是一个边缘学科，由机器学习、数理统计、自然语言处理等多种学科交叉形成。文本挖掘是应用驱动的，它在智能商务（business intelligence）、信息检索（information retrieval）、生物信息处理（bioinformatics）等方面都有广泛的应用，如客户关系管理（customer relationship management），互联网搜索（Web search）等。

在现实生活中，许多领域都不断产生海量数据，特别是海量的文本数据。怎样从这些数据中抽取和发掘有用的信息和知识已成为一个日趋重要的问题。由于这个原因，文本挖掘虽是一个新兴学科，但已成为一个引人瞩目，且发展迅速。

对文本挖掘的理解可以用图 5–1 来说明。这个图由三部分组成：底层是文本挖掘的基础领域，包括机器学习、数理统计、自然语言处理；在此基础上是文本挖掘的基本技术，有五大类，包括文本信息抽取、文本分类、文本聚类、文本数据压缩、文本数据处理；在基本技术之上是两个主要应用领域，包括信息访问和知识发现，信息访问包括信息检索、信息浏览、信息过滤、信息报告，知识发现包括数据分析、数据预测。

文本挖掘的内容情况见图5－1。

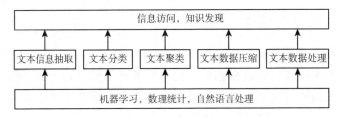

图5－1　文本挖掘概观

总之，对文本数据的分类、融合、压缩、摘要以及从文本中抽取发现知识与信息都是文本挖掘的内容。

二、文本挖掘的一般过程

文本挖掘的主要处理过程是对大量文档集合的内容进行预处理、特征提取、结构分析、文本摘要、文本分类、文本聚类、关联分析等。图5－2给出了文本挖掘的一般处理过程。

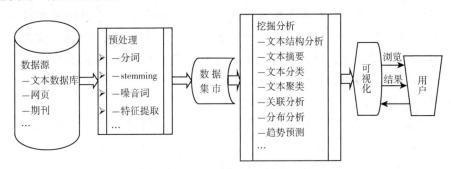

图5－2　文本挖掘的一般过程

三、文本挖掘基本技术

文本挖掘不但要处理大量的结构化和非结构化的文档数据，而且还要处理其中复杂的语义关系，因此，现有的数据挖掘技术无法直接被采用。对于非结构化问题，一条途径是发展全新的数据挖掘算法，直接对非结构化数据进行挖掘，由于数据非常复杂，导致这种算法的复杂性很高；另一条途径就是将非结构化问题结构化，利用现有的数据挖掘技术进行挖掘，目前的文本挖掘一般采用该途径进行。对于语义关系，则需要集成计算语言学和自然语言处理等成果进行分析。按照文本挖掘的过程下面介绍所涉及的主要技术及其主要进展。

（一）数据预处理技术

预处理技术主要包括 stemming（英文)/分词（中文）、特征表示和特征提取。与数据库中的结构化数据相比，文本具有有限的结构，或者根本就没有结构。此外，文档的内容是人类所使用的自然语言，计算机很难处理其语义。文本信息源的这些特殊性使得数据预处理技术在文本挖掘中更加重要。

1. 分词技术

在对文档进行特征提取前，需要先进行文本信息的预处理，对英文而言，需进行 stemming 处理，中文的情况则不同，因为中文词与词之间没有固有的间隔符（空格），需要进行分词处理。目前主要有基于词库的分词算法和无词典的分词技术两种。

基于词库的分词算法包括正向最大匹配、正向最小匹配、逆向匹配及逐词遍历匹配法等。这类算法的特点是易于实现，设计简单，但分词的正确性很大程度上取决于所建的词库。因此基于词库的分词技术对于歧义和未登录词的切分具有很大的困难。

基于无词典的分词技术的基本思想是：基于词频的统计，将原文中任意前后紧邻的两个字作为一个词进行出现频率的统计，出现的次数越高，成为一个词的可能性也就越大，在频率超过某个预先设定的阈值时，就将其作为一个词进行索引。这种方法能够有效地提取出未登录词。

2. 特征表示

文本特征指的是关于文本的元数据，分为描述性特征（如文本的名称、日期、大小、类型等）和语义性特征（如文本的作者、机构、标题、内容等）。特征表示是指以一定特征项（如词条或描述）来代表文档，在文本挖掘时只需对这些特征项进行处理，从而实现对非结构化的文本处理。这是一个非结构化向结构化转换的处理步骤。特征表示的构造过程就是挖掘模型的构造过程。特征表示模型有多种，常用的有布尔逻辑型、向量空间模型（vector space model，VSM）、概率型以及混合型等。W3C 近来制定的 XML，RDF 等规范提供了对 Web 文档资源进行描述的语言和框架。

3. 特征提取

用向量空间模型得到的特征向量的维数往往会达到数十万维，如此高维的特征对即将进行的分类学习未必全是重要、有益的（一般只选择 2%～5% 的最佳特征作为分类依据），而且高维的特征会大大增加机器的学习时间，这便是特征提取所要完成的工作。

特征提取算法一般是构造一个评价函数，对每个特征进行评估，然后把特征按分值高低排队，预定数目分数最高的特征被选取。在文本处理中，常用的评估函数有信息增益（information Gain）、期望交叉熵（expected cross entropy）、互信息（mutual information）、文本证据权（weight of evidence for text）和词频等。

（二）挖掘分析技术

文本转换为向量形式并经特征提取以后，便可以进行挖掘分析了。常用的文本挖掘分析技术有：文本结构分析、文本摘要、文本分类、文本聚类、文本关联分析、分布分析和趋势预测等。

1. 文本结构分析

文本结构分析其目的是为了更好地理解文本的主题思想，了解文本所表达的内容以及采用的方式。最终结果是建立文本的逻辑结构，即文本结构树，根节点是文本主题，依次为层次和段落。

2. 文本摘要

文本摘要是指从文档中抽取关键信息，用简洁的形式对文档内容进行解释和概括。这样，用户不需要浏览全文就可以了解文档或文档集合的总体内容。

任何一篇文章总有一些主题句，大部分位于整篇文章的开头或末尾部分，而且往往是在段首或段尾。因此，文本摘要自动生成算法主要考察文本的开头、末尾，而且在构造句子的权值函数时，相应的给标题、子标题、段首和段尾的句子较大的权值，按权值大小选择句子组成相应的摘要。

3. 文本分类

文本分类是根据文本的特征将其分到预先订好的类别中。它也是有指导机器学习的应用问题。下面，我们通过机器学习的框架来描述这个问题。它分为学习和分类两个过程。如图 5-3 所示，首先有一些文本 t_1，…，t_n 及其所属类的标注 c_1，…，c_n，学习系统从标注的数据中学到一个函数 $f(T)$ 或条件概率分布 $P(C \mid T)$，被称为分类器。C 和 T 取所有可能的类和文本（通常是文本的特征）。对新给出的文本 t_{n+1}，分类系统利用学到的分类器对其进行分类。类别可以只有两类，通常用 0 和 1，或 +1 和 -1 表示，称为两类问题。当类别超过两类时，可以采用"一类对所有其他类"的方法，把问题分解为两类问题处理。也可以用其他技术，如 ECOC。这里，我们只考虑两类问题。

文本分类有非常广泛的应用。文本的类型可以是新闻报道、网页、电子邮件、学术论文、新闻组（newsgroup）文章。文本分类时的类往往是表示内容的，比如，"经济""政治""体育"可以成为类。也有根据其他特点的，如"正面意见""反面意见"。也可以是根据应用要求的,如"垃圾邮件""非垃圾邮件"。文本分类时,从文本中取出特征,将每个文本变成一个属性向量。通常,我们把文本中的词抽取出来,将它们作为特征,特别是进行根据内容的分类的时候;这等于是把文本当作一个"词包(bag of words)"。

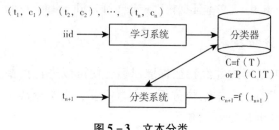

图5-3 文本分类

分类是机器学习的核心问题,有很多分类器模型提出,它们都可以用于文本分类,事实上也被广泛地应用到文本分类。常用的模型或算法有:支持向量机或 SVM(support vector machine)、边缘感知机(perceptron with margin)、最近邻法(nearest neighbor),决策树(decision tree)、决策表(decision list)、中心法(centroid)、朴素贝叶斯(naive bayes)、ada boost 算法、logistic 回归(logistic regression)、winnow 算法、神经网络(neural network)、贝叶斯网络(bayesian network)。

图5-4 和图5-5 介绍几种常用的模型与方法的基本概念。支持向量机 SVM(或边缘感知机)用向量空间的点表示样本,在向量空间中寻找将正负例分开的边缘最大的超平面;这里最大边缘(margin)是这个方法的重要概念。最近邻法同样用向量空间的点表示样本,分类时将样本点分到离其最近邻的样本点的类中去,因此它是重要概念。决策树或决策表是定义在特征空间的,也是基于规则的方法,学习时找到将正负例分的最开的分割(partition)。中心法又叫作罗基奥(rocchio),它先在向量空间中找到正负例的中心点,分类时按离中心点的距离分类。

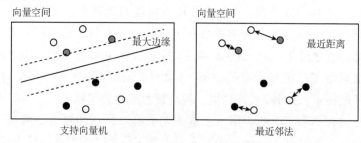

图5-4 文本分类方法(A)

特征空间　　　　　　　　　　向量空间

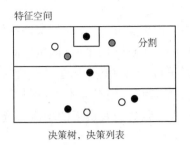 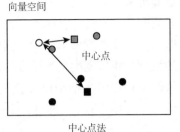

决策树，决策列表　　　　　　中心点法

图 5-5　文本分类方法（B）

下面进一步介绍一下 SVM，它被认为是在各种情况下都能达到较高分类精度的方法，因而在文本分类中被广泛应用。

已标注好的训练样本中的正负例往往会各自聚集在一起（不排除有一些例外）。在 SVM 学习过程中我们试图找到最佳的超平面，它可以最大程度上分离正负例（注意我们这里只关心分离训练样本数据）。更精确地说，这个超平面拥有最大的正负例间的边缘。边缘概念有精确定义，直观上它是正负例区域边界至超平面的距离。正负例中有例外时，也可以用扩展的这个框架处理。我们称以上的超平面被称为线性 SVM。这样，SVM 的学习就转化为给定条件下的二次优化问题。理论上可以证明寻找最大边缘的超平面会促使泛化误差最小，即对未知数据的期待分类误差最小（这是机器学习的目标），这也就说明了为什么 SVM 会有效。此外，利用核函数技术，可以将线性 SVM 进一步扩展为非线性 SVM，这里不予细述。

4. 文本聚类（text clustering）

文本聚类是指将文本根据其特征归类。也就是说，将给定的文本集合分为若干子集，称之为类，使得各个类内部的文本相似，而类与类之间的文本不相似。文本的特征往往根据应用之不同而各异。文本之间的相似性也往往由应用而定。

文本分类可以用到各种场合。文本的类型可以是新闻报道、网页、电子邮件、论文、新闻组文章。

聚类时，如果一个样本只能属于一个类，我们称这样的聚类为硬聚类，如果一个样本可以属于多个不同的类，我们称这样的聚类为软聚类。聚类还有分层聚类和非分层聚类之分，其类分别是树状的或平坦的。

各种聚类方法原则上都可以用在文本聚类上。常用于文本聚类的方法有 K-均值法（K means）、模型估计法（model estimation）[特别是混合模型估计法（mixture model estimation）]、分层聚类法（hierarchal clustering）[分层聚类法中又有自上而下法（divisive）和自下而上法（agglomerative）]。随着发展，还有一些新方法被提出来。

这里介绍 K - 均值法，它属于非分层的硬聚类方法。K - 均值法利用向量空间模型，即将每一样本看做为向量空间中的一个点（向量），向量空间的维数是文本特征的数目。相似度度量是平方欧几里得距离。具体算法是一个迭代算法。它的结果依赖于初始值，不能保证找到整体最优。先对样本进行归类，求出各个类的均值向量（中心点），再将各个样本点归到与其最近的均值向量的类中；如此反复，如图 5 - 6 所示。

将样本归入最近均值类

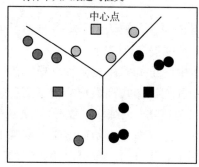

图 5 - 6   K 均值法

5. 关联规则

关联规则抽取是数据挖掘的成功技术之一，它在数据库数据挖掘中有着广泛的应用，也可以推广到文本挖掘上来。例如，关联规则抽取可以用于搜集所有频数大于一定阈值的词的 N 元组。在对数据库数据进行关联规则抽取时，通常不需要考虑单元的顺序信息，而在对文本进行关联规则抽取时，通常需要考虑这种信息。比如说，抽取在文本中所有出现在动词"买"后面的名词时，前后顺序是重要的。

关联规则抽取通常利用阿普赖奥里（Apriori）算法。具体的利用 N 元组的反单调性（anti-monotonity），即 N 元组的频数一定小于等于它的子串的 N - 1 元组的频数，可以快速地发现所有满足条件的 N 元组。

第六章
知识管理评估

虽然知识管理本质上是一种管理思想，但实施知识管理也是组织的一项投资，任何投资都要对其投入效果进行评估和测量。所以在实施知识管理后，组织还需要建立知识管理实施效果跟踪和评估措施。尽管知识管理的效果难以准确量化，但组织有必要把握知识管理在组织经营及管理中所发挥的实际作用，并评判其效果。

第一节　知识管理评估方法

进行知识管理的评估，目的是要明晰知识管理实施前后，组织各项指标的变化情况，虽然知识管理项目的最终目标更多的是在质上而不是在量上有所提高。评估知识管理的长期收益十分困难，但是，通过一些侧面的数据以及员工的感受来评价项目价值，如使用者的亲身感受、参与者的热情，也能够很好地说明项目带来的收益。通过反馈，可以帮助指导和调整实施过程，总结在知识管理项目中学习到的经验，还可以开发出一个标准，作为其他组织学习和推广知识管理的成功案例。

因为知识管理实施的复杂性，很难完全用定性或者定量的方法来对其实施效果进行评估，一般的评估都使用定性与定量结合的方法。现在就介绍一些主流的知识管理评估方法。

一、一般的评估方法

知识管理项目的一般评估方法包括三个方面：

（1）实施效果评估：通过实施项目节省的费用、时间以及人力，相对于未实施知识管理之前的项目成功的比例。

（2）效果输出评估：包括有用性调查（使用者认为知识管理有助于其完成任务）和使用实例（用户以定量形式指明知识管理对项目目标实现的贡献）。

（3）管理系统评估：知识管理系统的反应时间，下载数目，站点访问量，每页面或栏目的使用者驻留时间，可用性调查，使用频率，浏览路径分析，用户数，使用系统的用户比例。

二、平衡计分卡（BSC，balanced score card）

平衡计分卡是哈佛大学教授罗伯特·卡普兰（Robert Kaplan）与诺朗顿研究院教务长戴维·诺顿（David Norton）在 1990 年所从事的"未来组织绩效衡量方法"研究计划中发明的。平衡计分卡常见的四个维度为财务、顾客、组织内部流程、学习与成长。组织也可依照本组织性质对各个维度的主轴进行调整。以下是常见的四个基面与供参考的评估指标：

（1）财务（financial），可参考的评估指标为：营业额、毛利率、每月盈余等；

顾客（customer），可参考的评估指标为：客户满意度、新客户开发件数、项目准时交接数等；

（2）组织内部流程（internal business processes），可参考的评估指标为：作业流程改善时间、项目质量提高度等；

（3）学习与成长（learning and growth），可参考的评估指标为：培训课程数、员工流动率、员工提案数等。

（4）BSC 的核心思想就体现在"平衡"两字上，它体现了组织短期与长期目标之间的平衡；财务与非财务量度之间的平衡；落后指标与领先指标之间的平衡以及组织外部与组织内部之间的平衡。

三、全球最卓越知识型企业（MAKE）的德尔斐法

全球最卓越知识型企业（most admired knowledge enterprise，MAKE）在 1998 年由特莱奥斯（Teleos）发起并主办，每年一度。全球 MAKE 研究是建立在德尔菲（delphi）方法论基础上的，利用专门讨论小组鉴别关键问题，通过三个轮次的筛选达成最后的一致意见。第一轮，由专门讨论小组的成员提名可能的全球 MAKE 公司；第二轮，专门讨论小组的每个成员从被提名的组织中选出最受钦佩的三家

公司，至少有专门讨论小组成员的 10% 选中的组织才能成为全球 MAKE 最后参加决赛的公司；在第三轮也就是最后一轮中，使用以下 8 个指标作为评选标准对公司打分，每个指标最高为 10 分（excellent），最低是 1 分（poor）。最后特莱奥斯会根据专家讨论结果并结合其他指标综合分析给出最终结果。

（1）公司在创建适应需要的知识型文化环境方面的努力。

（2）公司高层管理人员对知识管理的支持与认可程度。

（3）公司开发和提供知识型产品或服务的能力。

（4）最大限度地发挥公司智力资本价值的成就。

（5）公司在创建能促进知识共享的环境方面的措施。

（6）公司是否已形成了一种能不断进行持续学习的文化环境。

（7）有效管理顾客知识以增加顾客的忠诚度与利润贡献度。

（8）通过知识管理为股东最大程度创造财务利润。

四、知识管理评估工具（KMAT）

知识管理评估工具（knowledge management assessment tool，KMAT）是由安达信（arthur andersen）顾问公司和美国生产力和品质中心开发的一种实用知识管理评估工具，用来测量组织本身的知识分享和管理知识的程度，并评估组织本身知识管理实践的优劣，提示组织负责人重视需要加强的知识管理领域。评估模型将支持组织创造知识的因素表示为两个动态的轨道。外面的轨道包括关键性的组织可行条件，即可以促进知识创造的技术、文化、领导和评估等因素。里面的轨道包括知识管理的关键过程：信息收集、知识识别、知识创造、知识共享、知识运用和知识组织。

在评估中，该工具共有五个部分，分别为：知识管理流程、领导、文化、技术及评估，通过这几个方面，可以测量组织在以上五个部分知识管理实施的强度。KMAT 的评估表中，这五个部分由 24 道题目构成。根据各个题目的提问，按照“1 = 没有表现，2 = 表现不佳，3 = 尚可，4 = 表现良好，5 = 表现优异”五个等级进行评分，然后通过计算各个部分的分数总和，评估组织知识管理实施的效果。也可以在组织内部进行跨时间段的多次评估进行比较，以审视组织本身知识管理的进展情况。或与其他相关机构的表现做比较，获得组织内知识管理的强弱分布情形。

五、知识管理诊断工具（KMD）

知识管理诊断工具（knowledge management diagnostic，KMD）是根据布克威

茨和威廉斯（Bukowitz & Williams）（1999）合撰的《知识管理实践》（*The knowledge Management Fieldbook*）一书发展出的知识管理评估工具。这种方法从组织实施知识管理的流程出发，评估确认组织知识管理不足的领域，并找到实施流程中需要改进的步骤。

　　KMD 认为组织知识管理的流程由七个步骤构成，整个流程包括：信息收集→信息使用→知识学习→评估→正式确立→去除非战略性知识。在这个流程中，每个部分都是相互关联的，应该得到有效的管理，达到整合组织知识的目的，使组织能够运用日常的知识，响应市场的需求或机会，促使组织的知识资产能够符合长期的战略性需求。KMD 的评估表包括前述的七个步骤，每个部分都由 20 道题目构成，共计 140 道题目，每道题目的评分等级分为强、中、弱三种，根据最后的得分，对组织的知识管理实施做出全面的评估。

六、戴维·斯克姆·阿瑟塞茨（David Skyrme Associates）的知识管理评估工具

　　戴维·斯克姆·阿瑟塞茨在他的全球最佳知识管理实践报告——《创造以知识为基础的企业》（*Creating the knowledge-based Business*）研究的基础上，发展出一套知识管理评估工具。戴维·斯克姆·阿瑟塞茨在他的报告中指出，在他所发现的最成功的知识管理实施框架中，经常有以下一些因素出现（见图 6 –1）。于是，在这些因素的基础上，戴维·斯克姆·阿瑟塞茨提出一个包括十个部分，每个部分由 5 道问题组成的知识管理评估量表。这十个部分是：领导、文化环境，流程、显性知识、隐性知识、知识中心、市场效果、评估、人员和技术、科技基础设施，共计 50 道题目。

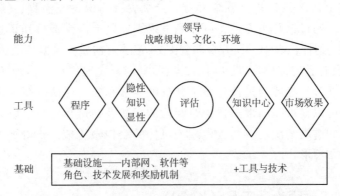

图 6 –1　戴维·斯克姆·阿瑟塞茨的知识管理实施框架

七、知识受益指数（knowledge profit index，KPI）

知识管理评估，也可以使用知识受益指数来做具体衡量。知识受益指数指的是组织实施知识管理后的有形收益与无形收益的总和，与导入知识管理的总成本的比值。可以用如下的公式表示：

$$KPI = （有形收益 + W × 无形收益）/知识管理导入成本$$

这里的有形收益，指在实施知识管理后，组织受益中可以直接看得见的收益，比如营业额、毛利率、每月盈利、客户满意度、新客户开发数等实质性的收益值，无形收益则是指在知识管理实施后，组织领导对知识分享、工作效率、作业流程改善、项目质量提高度、员工提案数等方面的满意程度。该满意度事先由组织领导设定评估项目，再由内部高层主管共同评分。W 指的是无形收益的加权值，也是由组织领导设定，一般情况下值的范围在 20% ~ 100% 。

知识管理是一个由概念到行动、由局部到全局的过程，对知识管理进行评估是为了更好地进行知识管理的实践。如果通过合理和完善的知识管理评估机制，可以得出实施知识管理能够获利的结论，那么将会有更多的组织去关注和应用知识管理，形成一股推动力。

总结以上各种知识管理评估方法，在评估指标的选取上，既有共性的地方，也有很大的差异，不同的评估方法关注的焦点是不同的。评估方法大多是定性与定量相结合，因为很多主观性指标是无法确切量化的。知识管理评估的大概流程是：确定评估的目标→选择评估体系→确定评估方法→实施评估→编写评估报告。如同知识管理实践本身有一个发展和完善的过程一样，对知识管理评估也应随着知识管理实践本身进行相应调整，最终能够使知识管理在组织中实现可持续发展。进行知识管理的评估，要遵从整体完备性、科学合理性和简易可行性原则，从人员、流程、技术、效用性和发展性等角度建构知识管理评估指标体系，并需要通过不断的论证与改进，发挥它对组织决策者以及其他使用者的鉴定作用、诊断作用、导向作用与决策作用。

第二节　企业知识管理绩效的模糊评价模型与分析矩阵[①]

在总结国内外知识管理绩效评价指标体系研究现状的基础上，建立了一套

---

① 参见张少辉、葛新权：《企业知识管理绩效的模糊评价模型与分析矩阵》，载《管理学报》，2009年第 9 期。

实用性较强知识管理评价指标体系，并尝试用"模糊多级综合评价方法"对企业的知识管理绩效进行评价，最后，指出了对评价得分进行分析的方法，并独创了过程－结果分析矩阵（PRAM）。

一、知识管理绩效评价的意义

（一）问题的提出

正如戴维波特和普入塞克所说"组织知识是员工经验、工作评价、前后互相联系的信息以及专家见解的一种融合，它提供了一个评测并产生新经验和信息的框架。知识来自知识员工并应用于知识员工，在组织中，知识并不仅仅存在于各种文档或者知识库中，而且也蕴藏在组织常规、工作方法，组织实践以及各种组织规范中。"另外，我们所说的知识不仅包括企业内部知识，也包括企业外部的各种知识。可以毫不夸张地说，知识对于知识经济时代的意义，就如同石油对于工业时代的意义。组织的知识，作为一种可增值的资源，在众多经济因素中，已经被认为是组织成功的钥匙，而把隐性知识转化显性知识，则被认为是其中的关键。

企业知识管理是通过对策略、流程、信息技术的研究来获取知识、选择知识、组织知识、共享知识，并提炼出企业的关键信息和核心专长，从而改善公司的生产能力和决策能力。企业知识管理的根本目的，就是创建一种良好的知识状态，使企业最大限度地生产、获取、使用、传播知识，为企业员工提供一个有效的知识共享平台，为市场了解企业提供窗口，以提升企业自身的竞争能力，形成某种竞争优势，同时在为市场提供商品的过程中促进企业自身的持续发展。显然，知识管理就是要促进知识的共享，方便知识的获取和保持以及创新。

企业要提升自身的知识管理水平，必须知道其知识管理的薄弱之处以及强势所在，以便培优补差，从而加速员工显性知识与隐性知识之间的转化、知识的共享以及企业知识创新等进程，最终提升企业的核心竞争力。

而知识管理绩效评价，可以反映一个企业的知识管理现状，也可以反映企业的未来发展趋势，是企业认识和了解自身知识管理水平的重要途径；使企业能够对自身的知识管理水平进行前后比较，或与相关企业之间进行知识管理的横向比较，找出经验和教训，从而更好地运用和发挥已有知识管理优势，发现自身在知识获取、共享、创新、利用等环节中存在的问题，并针对问题找出改进措施；为正确指导企业知识管理的发展提供决策依据，达到进一步提高知识管理水平和增强企业竞争力的目的；同时，还可以验证知识管理研究中提出的规律性问题，发现企业知识管理中需要解决的新问题，推动企业知识管理学学科的发展。

由此可见，知识管理绩效评价体系是知识管理理论中不可缺少的一部分，知识管理绩效评价体系的研究对企业知识管理的实施以及理论界的研究有一定的参考价值。

（二）国内外研究现状

目前，很多国内外的学者对知识管理绩效评价体系进行了研究，大多不约而同地采用了 AHP 法和模糊评价法，然而在知识管理绩效评价指标体系上却没能达成一致意见，并分别从不同角度建立了自己的指标体系，下面是一些主流思想。

在国外，奎达斯（Quitas）较早提出的评估指标体系，包括面向企业的开发、获取和共享知识的战略政策，知识战略实施，通过知识管理提高企业经营绩效以及测试、评估与知识有关的管理活动等。威格（Wiig）和科恩（Cohen）认为知识管理绩效的评价指标体系应包括：监测、推动知识活动，建立和更新知识基础设施，创造和建立知识资产，有效分配和应用知识和知识学习等。亚瑟·安德森（Arthur Andersen）提出知识管理评估工具 KMAT（knowledge management assessment tool），包括领导意识、企业文化、技术、评估、学习行为变化 5 个维度的指标。

在国内，黄立军从外部结构（主要是商标、顾客、供应商）、内部结构（包括组织结构、信息系统、员工周转率等）以及人员竞争力（包括教育、经历、创造资产的能力等）3 个角度对企业的知识管理进行了评估，并建立了知识管理综合评价的数学模型，对某经济特区 4 个企业的知识管理实施情况进行了评估。另外，方永美、孙凌洁也是从外部结构、内部结构和人员竞争力 3 个角度对企业知识管理进行了评估，只是本文作者在每一个二级指标下又分别设有更新和增长、效率和稳定作为三级指标，再将三级指标细分为各个分指标。郑景丽、司有和认为知识管理绩效评价应从领导对知识管理的重视程度、人力资源管理知识化程度、组织结构的知识化调整和企业文化的培育、知识管理基础设施的建设、知识的检测、评估和利用以及外部关系的知识化程度等诸多方面来评价。王君、樊治平针对如何评价知识管理绩效的问题，提出了一套包括知识管理的过程、组织知识结构、经济上的收益和效率的变化情况 4 个不同方面的评价指标体系。曹兴、陈琦、彭耿从企业知识管理的内涵、目标及功能出发结合企业知识管理活动规律，并力求遵循系统性、客观性、层次性和可操作性原则，设立了共有 6 个一级指标（领导重视度、人力资源管理、组织结构及文化、信息技术、知识检测与评估、外部信息整合）和 26 个二级指标的评价指标体系；邱若娟和梁工谦结合企业知识管理活动规律，设立了共有 6 个一级指标（包括知识管理重视程度织结构和文化的适应度、知识管理基础设施建设水平、人力资源管理知识化水平、知识检测评估和利用水平、外部关系知识化水平）和 27 个一级指标的评价指标体系。李长玲按设立了共有 5 个一级指标（包括组织结构、人力资源管理、企业文化、外部关系、监测与评估）和 22 个二级指标的评估指标体系。王秀红从组织知识存量的角度对企业知识管理绩效进行评价，设立了共有 4 个一级指标（包括核心能力层、组织结构层、团队内隐层和员工内隐层）16 个二级指标的评价体系。付二晴、蔡建峰从知识管理的功能出发，设立了 5 个一级指标（获取知识能力、知识交流和创新能力、应用知识能力、知识管理的基础设施、企业文化）17 个二级指标的评价指标体系。

通过分析国内外的研究成果，我们发现了一些可以加以创新、改进的地方，首先，不同学者从不同的角度建立了企业知识管理绩效评价的指标体系，但是还没有从过程与结果的角度进行分析，也没有对评价指标的逻辑层次结构进行分析；其次，不同学者对一级指标的构成基本已经达成一致，但细分指标的设计还不够全面，个别指标隶属不清楚、设置不太贴切；另外，大多文献只是建立了评价模型，而没有对评价结果的分析方法进行研究。为此，我们将尝试在国内外知识管理绩效评价研究的基础上提出自己的观点。

二、企业知识管理绩效评价指标体系

(一) 企业知识管理绩效评价的构成要素

知识管理绩效是指，在组织内外的各个层面，企业在对其生产经营所依赖的知识资源的获取、共享、创新、利用等一系列的管理活动方面所达到的程度。经过研究，我们认为，可以按照由基础到过程、由过程到结果、由内部到外部的逻辑结构，从以下几个方面对知识管理绩效进行全方位的系统评价。

1. 知识管理信息系统的成熟度

知识管理不是一种技术，更多的是管理，但是它的实现也不能离开技术，知识管理信息系统是企业实施知识管理的一个平台，它通过利用计算机技术和其他信息技术帮助企业提高实施知识管理的工作的效率，更好地实现知识管理目标。总之，知识管理信息系统的成熟度是知识管理绩效好坏的基础。经过研究，我们认为知识管理信息系统的成熟度主要体现在其功能齐全度、操作舒适度、性能优良度 3 个方面。

2. 知识型组织结构成熟度

知识管理在一定程度上是一种变革，它的成功实施需要相应组织结构的支撑。知识型组织结构成熟度则指的是现有组织结构对知识管理的配合程度，一般可以从知识管理机构的设置情况、组织扁平化、组织柔性化、分权化、员工交流机制的完善性、团队结构的设置情况等几个方面对它进行评价。

3. 知识型人力资源管理成熟度

知识是一种特殊资源，人才是知识的载体，对知识的管理需要通过人来实现，所以知识管理在很大程度上可以说是对人力资源的管理。我们认为知识型人力资源管理的成熟度一般情况可以通过对知识共享的员工的激励、对学习及创新的激励措施、对知识性员工的激励措施、对员工的知识培训力度、知识评估标准的合理程度等指标来进行评价。

4. 知识型企业文化成熟度

企业文化类似于企业的大脑和潜意识，它是员工行动的无形准则，知识型的企业文化能够为知识的获取、共享、创新和利用创造良好的环境。我们认为知识型企业文化成熟度一般可以通过鼓励创新、尊重知识、鼓励知识共享、建立学习型组织、鼓励自我实现等企业文化的成熟度等指标来进行评价。

5. 外部知识整合成熟度

企业与环境有着千丝万缕的联系，企业要想把握市场，就必须充分利用整合外部信息、知识。外部知识整合成熟度一般可以通过供应商信息利用程度、顾客信息利用程度、政府媒体信息利用程度、科研院所信息利用程度、竞争对手信息利用程度等几个指标进行评价。

6. 企业知识存量

知识管理不是为了管理而管理，而是把知识作为一种可增值资源进行科学的管理，从而不断的创新，形成企业的核心能力创造更高的价值。这里企业知识存量指的是企业知识管理的直接成果，包括知识的沉淀量和增量，一般可以通过企业知识库的丰富程度、隐性知识的转化量、专利申报数量及增加速度、新产品研发速度、知识型员工的增加速度等几个指标对它进行评价。

基于以上分析，我们认为，知识管理绩效评价的五个要素之间的关系如图 6-2 所示。

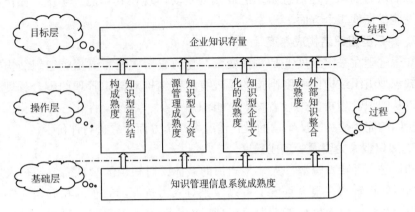

图 6 – 2 企业知识管理绩效评价要素结构

(二) 企业知识管理绩效评价指标体系的设计

1. 企业知识管理绩效评价指标体系的设计原则

指标体系的设立是评价模型的前提，在设计指标体系时，应尽量遵循以下原则：

系统性原则。指标的设计应体现出逻辑关系，并尽可能反映知识管理的方方面面，以便于使用者从不同的角度对企业知识管理绩效做出全面、系统的综合评价。

层次性原则。指标之间不能互相隶属，不能将不同方面的内容纳入同一指标。

细分性原则。指标的含义不能过多，不能相互交叉，以免不同的评审者对指标的内涵产生不同理解。

可操作性原则。评价指标概念要清晰，表达方式要简单易懂，若评价指标过于复杂，会给评价带来困难。

可比性原则。指标要具有横向和纵向可比性。包括与预算的比较、与企业不同时期的比较、与行业平均水平的比较、与竞争对手的比较等。应尽量选取在不同企业中普遍可获得的指标、以保证指标的可比性。

可预测性原则。绩效评价般是评价过去的业绩，而通过绩效评价来判断企业业绩的未来发展趋势则是绩效评价的首要目的，它也是制定和调整企业发展战略的依据。因此，知识型企业绩效评价指标应选择那些企业通过主观努力能够得到改善又能反映企业业绩本质内容的指标，或者是可以区分主观因素、客观因素影响的指标。

此外，还要注意评价指标设置的科学性、客观性、定性和定量相结合等原则，并且还要注意指标体系的二层指标不能过多，否则会降低评价的准确度。

2. 企业知识管理绩效评价指标体系

按照上面的设计原则，根据知识管理绩效评价的构成要素，我们设计企业知识管理绩效评价指标体系如表6－1所示。

表6－1　　　　　　　　　　企业知识管理绩效评价指标体系

企业知识管理绩效评价 U	(间接评价) U₁ 过程评价	知识管理信息系统的成熟度 U₁₁	功能齐全度 操作舒适度 性能优良度	知识的采集、共享、利用、创新文档标准、界面友好、操作方便维护简便、性能稳定、安全
		知识型组织结构成熟度 U₁₂	知识管理机构的设置情况 组织扁平化 组织柔性化、分权化 员工交流机制的完善性 团队结构的设置情况	CKO及各层知识管理部门的设置组织层级的减少 以人为中心进行的人性化管理平级、上下级之间交流的渠道团队是知识共享的良好环境
		知识型人力资源管理成熟度 U₁₃	对知识共享的员工的激励 对学习及创新的激励措施 对知识性员工的激励措施 对员工的知识培训力度 知识评估标准的合理程度	对共享隐性知识的员工的激励鼓励学习和不断创新 对拥有重要知识的员工的激励员工培训的人力、物力、财力投入解决知识难于评价的问题
		知识型企业文化的成熟度 U₁₄	鼓励创新的程度 尊重知识的程度 鼓励知识共享的程度 建立学习型组织的措施 鼓励自我实现的程度	创新的文化氛围 尊重能力强的氛围 员工之间共享隐性知识 个人与组织不断学习 知识型员工追求自我实现
	(直接评价) U₂ 结果评价	外部知识整合成熟度 U₁₅	供应商信息利用程度 顾客信息利用程度 政府媒体信息利用程度 科研院所信息利用程度 竞争对手信息利用程度	共享原材料知识并合作开发 利用需求反馈信息、销售信息 关注政府及媒体相关信息 把科研院所作为子囊团 分析学习竞争对手各方面知识
		企业知识沉淀量 U₂₁	企业知识库的丰富程度 隐性知识的转化量 专利申报数量及增加速度 新产品研发速度 知识型员工的增加速度	积累下来的各种信息和知识 看多少隐性知识转化为显性知识 从总量和增加两方面看管理效果 经过知识的创新开发出新产品 员工不断学习成为知识型员工

三、企业知识管理绩效的模糊评价

（一）模型的建立

由于该指标体系大多是一些定性的指标，对这些指标的评价只是评价人员主观意识的结果，其边界模糊不清，很难明确判定；另外，考虑到该评价体系的多层次性，所以我们采用多级模糊综合评价模型评价企业知识管理水平。

1. 建立因素集

评价因素即为企业知识管理水平评指标的集合。设 U 为因素集，显然 U 是多级集。

$U = (U_1, U_1, \cdots, U_i, \cdots)$，$U_i$ 为第一层因素

$U_i = (U_{i1}, U_{i2}, \cdots, U_{ij}, \cdots)$，$U_{ij}$ 为第二层因素

$U_{ij} = (U_{ij1}, U_{ij2}, \cdots, U_{ijk}, \cdots)$，$U_{ijk}$ 为第三层因素

2. 建立权重集

权重是指各指标对于评估目的的相对重要程度，权重集与评估因素集相对应，也是多级的，权重分配可以采用二元比较法、专家评分法，也可以运用 AHP 法。这里用 AHP 法，设一级指标 U_i 的权数为 $a_i (i = 1, 2)$，则一级权重集为：$A = (a_1, a_2)$，$0 \leq a_i \leq 1$，$\sum_{i=1}^{2} a_i = 1$；设二级指标 U_{ij} 的权数为 $a_{ij} (i = 1, 2; j = 1, 2, 3, \cdots, m)$，则二级权重集为：$A_i = (a_{i1}, a_{i2}, a_{i3}, \cdots, a_{im})$，$0 \leq a_{ij} \leq 1$，$\sum_{j=1}^{m} a_{ij} = 1$；设三级指标 U_{ijk} 的权数为 $a_{ijk} (i = 1, 2; j = 1, 2, 3, \cdots, m; k = 1, 2, 3, \cdots, n)$，则三级指标权重集为：$A_{ij} = (a_{ij1}, a_{ij2}, \cdots, a_{ijn})$，$0 \leq a_{ijk} \leq 1$，$\sum_{k=1}^{n} a_{ijk} = 1$。

3. 建立评语集

评语就是对评估对象优劣程度的定性描述，可以分为：$F = \{9, 7, 5, 3, 1\}$，我们选用"很好，较好，一般，较差，很差"表达。

4. 建立评价矩阵

评价矩阵表明单因素 U 对评语集 V 的隶属度，若有 m 个指标，n 个评语等级，则评价矩阵 R 可以表示为：$R = \begin{bmatrix} r_{11} & r_{22} & \cdots & r_{1n} \\ r_{21} & r_{22} & \cdots & r_{2n} \\ \cdots & \cdots & \cdots & \cdots \\ r_{m1} & r_{m2} & \cdots & r_{mn} \end{bmatrix}$，式中，$r_{ij} = \dfrac{k_{ij}}{k}$ 表示对

第 i 个指标，专家认为其属于第 j 个等级的可能性，k 为评估专家总数；k_{ij} 表示有 k_{ij} 个专家认为第 i 个指标属于第 j 个等级。

5. 进行多级模糊综合评判

以上的知识管理水平评价指标体系设置了目标层、准则层、指标层，要得到最终的评估结果，需从最底层开始，逐步上移得出。

首先，计算准则层第 1 个指标的综合评判集 B_i；$B_i = A_i R_i = (b_1, b_2, \cdots, b_i, \cdots, b_n)$，其中，$i = 1, 2, \cdots, m$；$A_i$ 为评估因素集 U_i 的权重集；$A_i = (a_{i1}, a_{i2}, \cdots, a_{ij} \cdots, a_{in})$；$R_i$ 为评估因素集 U_i 的判断矩阵：

$$R_i = \begin{bmatrix} r_{i11} & r_{i22} & \cdots & r_{i1n} \\ r_{i21} & r_{i22} & \cdots & r_{i2n} \\ \cdots & \cdots & \cdots & \cdots \\ r_{im1} & r_{im2} & \cdots & r_{imn} \end{bmatrix}$$

其中，n 为第 i 个指标下的评估因素个数；m 为准则层指标个数；P 为评语集中等级数。

其次，计算目标层综合评判集 B，$B = AR = (b_1, b_2, b_3, \cdots, b_i, \cdots, b_n)$

式中，A 为评估因素 U 的权重集 $A = (a_1, a_2, \cdots, a_n)$　$F = (F_1, F_2, \cdots, F_n)$，R 评估因素集 U 的评估矩阵：

$$R = \begin{bmatrix} B_1 \\ B_2 \\ \cdots \\ B_m \end{bmatrix} \begin{bmatrix} b_{11} & b_{12} & \cdots & b_{1n} \\ b_{21} & \cdots & \cdots & b_{2n} \\ \cdots & \cdots & \cdots & \cdots \\ b_{m1} & b_{m2} & \cdots & b_{mn} \end{bmatrix}$$

最后，就可用模糊评价法对企业知识管理水平做出评价，也可将评语集 F 中各类评语赋予标准分，求得企业知识管理水平模糊评价的最终得分，其算法为：$S = BF$，式中 B 为目标层综合评判集；F 为评语集的加权系数矩阵 $F = (F_1, F_2, \cdots, F_n)$；n 为评语集中评语个数。

（二）企业知识管理绩效模糊评价结果的分析方法

1. 单因素评价分析

根据上面的评价模型对相关企业的各项指标进行打分可以得到一系列的评价得分。分析评价各因素得分的高低，我们可以看出该企业在实施知识管理过程中的薄弱之处以及强势所在，从而在以后的工作中有的放矢、培优补差，使本企业的知识管理水平提高到一个新的层次。

2. 多因素综合评价分析

首先，通过总的评价得分与该行业的评价标准进行对比，可以看出该企业总体知识管理水平。其次，通过该模型可以得出企业知识管理水平的过程得分和结果得分，把过程评价得分和结果评价得分分别作为 X 轴和 Y 轴，两个指标得分高低的不同的组合，显示了几种不同的知识管理现状，不同的企业可以根据得分判断自身的类型，从而准确做出改进的决策。在这里，我们称之为关于知识管理的过程—结果分析矩阵（process-result analysis matrix，PRAM），如图 6－3 所示。

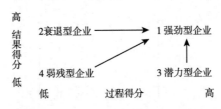

图 6－3　过程—结果评价矩阵（PRAM）

下面我们对 PRAM 的各种企业类型进行简要地说明。

（1）强劲型企业。对于结果评价得分和过程评价得分都很高的企业，我们称之为强劲型企业。该类型的企业知识管理过程有很好的表现，并且也有很好的知识沉淀，这样的企业现阶段强劲有力，盈利能力强，并且由于知识管理水平较高，知识不断增值，所以该类型的企业后劲也是很足的。我们认为这样的企业需要做的就是保持优势不断创新、居安思危。

（2）衰退性企业。对于结果评价得分很高而过程评价得分很低的企业，我们称之为衰退型企业。该类型的企业由于人力资源充足，所以现阶段盈利能力较强，但是知识管理实施较差，知识不能很好的增值，知识员工不能不断的增加，所以该类企业缺乏后劲，随着老员工的退出，该类型的企业必然没落。我们认为这样的企业急需加强知识管理，促进知识共享，使员工的知识转化为组织的知识，以补足后劲。

（3）潜力型企业。对于结果评价得分较低而过程评价得分很高的企业，我们称之为潜力型企业，也可以叫成长型企业。该类型的企业一般属于年轻人聚集的企业，员工缺乏经验，企业知识存量较少，盈利能力较差，但是知识管理水平较高，后劲十足。我们认为这样的企业急需大力引进知识型人才，提高企业现有员工知识水平。

（4）弱残型企业。对于结果评价得分和过程评价得分都很低的企业，我们称之为弱残型企业。该类型的企业现有人力资源质量较差，知识存量不足，盈利能力较弱。知识管理水平较低，企业缺乏后劲，在市场中没有竞争力。我们认为这样的企业要想生存必须加大人才引进力度，并加强知识管理，否则倒闭或被兼并是必然结果。

通过上面的分析，我们可以按现阶段企业知识的竞争力把四种类型的企业排序如下：强劲型企业、衰退性企业、潜力型企业、弱残型企业。显然，强劲型是企业知识管理的目标，是各种企业知识管理的发展方向，如图 6-3 中箭头所示。

3. 行业对比分析

除了上述分析方法，我们将这些数据与本行业中竞争对手或行业领导者的数据进行对比，找出差距，对症下药，有针对性地制定提升本企业知识管理水平的策略。

（三）结论

对知识管理现状进行客观的评价是企业提升知识管理水平的前提。我们建立的基于过程和结果的知识管理水平模糊评价模型，以及关于评价得分的过程-结果评价矩阵（PRAM）旨在提供一个系统评价知识管理水平的工具。但是我们所提出的评估工具只给出了企业在知识管理过程中所要遵循的基本内容与方法，而评价指标体系的具体内容，以及各个指标的权重应该根据企业所处的行业及企业内外部环境的变化而做相应的调整。因此，企业在实施知识管理的过程中，只有通过不断的反馈和修正来完善该评价指标体系，才能对本企业进行客观准确的评价，从而在接下来的工作中有的放矢，最终提升自身的知识管理水平。

第三节　基于 DEA 模型的企业知识管理
绩效评价模型研究[①]

对企业知识管理绩效评价是一个十分重要的问题。这里利用 DEA 方法与模型的基本思想与应用步骤，建立并分析了 DEA 输入与输出指标体系及其有效性，建立了基于 DEA 的企业知识管理绩效评价模型，并利用 20 家资料数据进行了实证分析，所得到的结果印证了实际说明了所建立的企业知识管理绩效评价模型是有效的。

① 参见段海超、葛新权、黄济民：《基于 DEA 模型的企业知识管理绩效评价模型研究》，载《湖南科学大学学报（哲学社会科学版）》，2012 年第 6 期。

一、DEA 方法

（一）DEA 方法基本思路和应用步骤

1978 年，由著名的运筹学家查恩斯、库伯以及罗兹首先提出了一个被称为数据包络分析（data envelopment analysis，DEA）的方法，去评价部门间的相对有效性（称为 DEA 有效）。他们的第一个模型被命名为 C^2R 模型。从生产函数的角度看，这一模型是用来研究具有多个输入、特别是具有多个输出的"生产部门"同时为"规模有效"与"技术有效"的十分理想且卓有成效的方法。1985 年，查恩斯、库伯、格拉尼、塞弗德和斯图茨给出了另一个模型，被命名为 C^2GS^2 模型，这一模型是用来研究生产部门间的"技术有效"性的。1986 年，查恩斯、库伯和我国著名运筹学家魏权龄为了更进一步地估计"有效生产前沿面"，利用查恩斯、库伯和克达尼克于 1962 年首先提出的半无限规划理论，研究了具有无穷多个决策单元的情况，给出了一个新的数据包络模型，被称之为 C^2W 模型。

数据包络分析（DEA）是根据一组关于输入和输出的观察值来估计有效生产前沿面的。在经济学上，估计有效生产前沿面，通常使用统计回归以及其他一些统计方法，这些方法估计出的生产函数并没有表现出实际的前沿面，得出的函数实际上是非有效的。因为这种估计是将有效决策单元与非有效决策单元混为一谈而得出来的。除了 DEA 方法之外，还有其他的一些方法，但几乎仅限于单输出的情况。相比之下，DEA 方法处理多输入、特别是多输出的问题上处于绝对优势。

除此之外，DEA 的优点还有许多。查恩斯和库伯等人的第一个应用 DEA 的十分成功的案例，是在评价为弱智儿童开设公立学校项目的同时，描绘出可以反映大规模社会实验结果的研究方法。在评估中，输出指标就包括"自尊"等许多无形指标，输入包括父母的照料和父母的文化程度等。因此，输入输出指标不完全需要定量化这也是 DEA 的一个绝对优点。

数据包络分析是运筹学的一个新的研究领域。DEA 的优点吸引了众多的应用者，应用范围已扩展到技术创新、关于成本收益利润问题、资源配置、金融投资、非生产性等各个领域，进行有效性分析，从而进行评价决策。

DEA 方法的应用步骤，如图 6-4 所示。

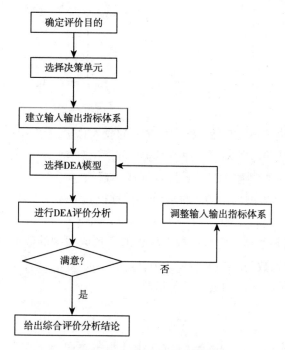

图 6-4　DEA 方法应用步骤

（二）DEA 基本模型

这里是系统论述部门间的相对有效性的 C^2R 模型。C^2R 模型可以转化为一个等价的线性规划问题，再利用线性规划的对偶理论，可以得到一个对偶规划。该对偶规划有着其经济含义的，它可以用来判断决策单元对应的点是否位于生产前沿面上。这里所说的生产前沿面实际上是指由观察到的有限个决策单元的活动信息所得到的经验生产前沿面，它是决策单元对应点的数据包络面的一部分。可见，此方法被称之为数据包络分析是有道理的。

假设有 n 个决策单元（decision making units，DMU），每个 DMU 都有 m 种类型的"输入"（表示该 DMU 对其投入资源的耗费）以及 s 种类型的"输出"（表示该 DMU 消耗了资源之后产生的效果）。

$$
\begin{array}{ll}
v_1 & 1\rightarrow \\
v_2 & 2\rightarrow \\
\vdots & \vdots\rightarrow \\
v_m & m\rightarrow
\end{array}
\left(
\begin{array}{cccccc}
x_{11} & x_{12} & \cdots & x_{1j} & \cdots & x_{1n} \\
x_{21} & x_{22} & \cdots & x_{2j} & \cdots & x_{2n} \\
 & & \cdots & & \cdots & \\
x_{m1} & x_{m2} & \cdots & x_{mj} & \cdots & x_{mn}
\end{array}
\right)
$$

$$
\begin{pmatrix}
y_{11} & y_{12} & \cdots & y_{1j} & \cdots & y_{1n} \\
y_{21} & y_{22} & \cdots & y_{2j} & \cdots & y_{2n} \\
& & \cdots & & \cdots & \\
y_{s1} & y_{s2} & \cdots & y_{sj} & \cdots & y_{sn}
\end{pmatrix}
\begin{matrix}
\rightarrow 1 & u_1 \\
\rightarrow 2 & u_2 \\
\rightarrow \vdots & \vdots \\
\rightarrow s & u_s
\end{matrix}
$$

其中：

x_{ij} 是第 j 个决策单元对第 i 种类型输入的投入总量，$x_{ij} > 0$；

y_{rj} 是第 j 个决策单元对第 r 种类型输出的产出总量，$y_{rj} > 0$；

v_i 是对第 i 种类型输入的一种度量（或称权）；

u_r 是对第 r 种类型输出的一种度量（或称权）。

$i = 1, 2, \cdots, m \quad r = 1, 2, \cdots, s \quad j = 1, 2, \cdots, n$

x_{ij} 及 y_{rj} 为已知数据，它可以根据历史的资料或预测的数据得到；v_i 及 u_r 为变量，对应的权系数为 $v = (v_1, v_2, \cdots, v_m)^T$，$u = (u_1, u_2, \cdots, u_s)^T$。

每个 DMU 都有相应的效率评价指数：

$$
E_j = \frac{\sum_{r=1}^{s} u_r y_{rj}}{\sum_{i=1}^{m} v_i x_{ij}}, j = 1, 2, \cdots, n
$$

我们可以适当地选取权系数 v 及 u，使其满足 $E_j \leqslant 1$，$j = 1, 2, \cdots, n$。

因此，现对第 j_0 个 DMU 进行效率评价，以所有 DMU（也包括第 j_0 个 DMU）的效率指数：

$$
E_j \leqslant 1, j = 1, 2, \cdots, n
$$

为约束，构成如下的最优化模型（C^2R 模型）：

$$
(C^2R) \begin{cases}
\max \dfrac{\sum_{r=1}^{s} u_r y_{rj_0}}{\sum_{i=1}^{m} v_i x_{ij_0}} \\[4mm]
\text{s. t. } \dfrac{\sum_{r=1}^{s} u_r y_{rj}}{\sum_{i=1}^{m} v_i x_{ij}} \leqslant 1, j_0 = 1, 2, \cdots, n \\[4mm]
v = (v_1, v_2, \cdots, v_m)^T \geqslant 0 \\[1mm]
u = (u_1, u_2, \cdots, u_s)^T \geqslant 0
\end{cases}
$$

上述模型一个分式规划，使用查恩斯 – 库珀（Charnes-Cooper）变换成一个等价的线性规划（P），然后进行对偶转换得出线性规划的对偶规划（D）：

$$
(D)\begin{cases}
\min\theta = V_D \\[2mm]
\text{s. t. } \sum_{j=1}^{n} x_j\lambda_j + s^- = \theta x_0 \\[4mm]
\sum_{j=1}^{n} y_j\lambda_j - s^+ = y_0 \\[4mm]
\lambda_j \geqslant 0, j = 1,2,\cdots,n \\[2mm]
s^+ \geqslant 0, s^- \geqslant 0
\end{cases}
$$

由于线性规划（P）和对偶规划（D）都存在最优解，并且最优解 $V_D = V_P \leqslant 1$，因此它们之间的转换是等价的。在本模型中 x_j、y_j 分别为 DMU_j 的投入和产出要素集合，λ_j 表示通过线性组合重新构造一个有效的 DMU_j 时，第 j 个决策单元的组合比例。θ 表示 DMU_j 离有效前沿面的径向优化量或"距离"，θ 越接近 1 表示越有效。S^-，S^+ 为松弛变量，非零的 S^-，S^+ 使无效 DMU_j 沿水平或者垂直方向延伸达到有效前沿面[3]。

对于利用线性规划（P）和对偶规划（D）进行判断 DEA 是否有效是很不容易的，查恩斯和库珀通过引进了非阿基米德无穷小 ε，成功地解决了计算和技术上的困难，建立了具有非阿基米德无穷小量 ε 的 C^2R 模型：

$$
(D_\varepsilon)\begin{cases}
\min\left[\theta - \varepsilon\left(\sum_{j=1}^{m} s^- + \sum_{j=1}^{r} s^+\right)\right] = v_D(\varepsilon) \\[3mm]
\text{s. t.} \\[2mm]
\sum_{j=1}^{n} x_j\lambda_j + s^- = \theta x_0 \\[4mm]
\sum_{j=1}^{n} y_j\lambda_j - s^+ = y_0 \\[2mm]
\lambda_j \geqslant 0 \\[2mm]
s^+ \geqslant 0, s^- \geqslant 0
\end{cases}
$$

这样，我们可以根据（D_ε）的最优解来判断决策单元的 DEA 有效性和弱 DEA 有效性。

二、建立企业知识管理绩效评价的 DEA 模型

(一) 决策单元的选择

前面我们就知道 DMU 就是 DEA 模型中的部门或者单位，DEA 模型就是对每一个 DMU 进行评价，判断其对应的点是否位于在生产前沿面，如果某个 DMU 对应的点位于在生产前沿面，那么说明该 DMU 不仅技术有效，而且规模有效，即 DEA 有效。这里，我们选择 20 个企业作为 DEA 模型中的 DMU。

(二) 建立 DEA 输入输出指标体系

建立输入输出指标体系是 DEA 方法的一项基础性工作。DEA 输入输出指标体系的设计，既要考虑指标体系设计原则和设计方法，又要考虑 DEA 方法的特殊情况。

一方面由于该方法对原始指标要求较高，特别是在决策单元和指标的对等数据方面，它要求决策单元的个数不少于输入指标与输出指标总数的二倍；另一方面，DEA 评价中每个决策单元都从最有利于自身的角度确定指标权重，因此，容易产生大量单元甚至全部决策单元都被评为有效的情况，特别是当输入输出指标数量多于决策单元数量时，更容易产生大量有效的决策单元，此时，DEA 将无法鉴别被评价对象的优劣。在评价复杂系统时，投入产出指标数目众多，而在现实收集大量企业指标数据存在困难。因此，我们可以运用主成分分析法，设法将原来众多指标重新组合成一组新的、互相无关的几个综合指标来代替原来指标，同时根据实际需要从中可取几个较少的综合指标，尽可能多地反映原来指标的信息，通过得到的新的几个综合指标组成 DEA 输入输出指标体系。

根据评价模型中的"投入"与"产出"之间的逻辑关系，以"投入"作为输入指标，"产出"作为输出指标，建立 DEA 输入输出指标体系，如图 6-5 所示。

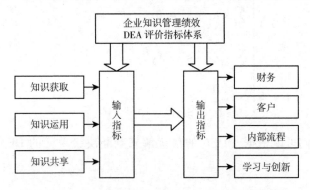

图 6-5 企业知识管理绩效的 DEA 评价指标体系

（三）利用选定的绩效评价指标进行 DEA 有效性分析

DEA 是对有一些同类型的决策单元进行相对有效性评价的一种方法，一个决策单元的有效性是用该单元的多指标输出加权和与多指标输入加权和之比来定义的。

作为每个 DMU 相应的效率评价指数：

$$E_j = \frac{\sum\limits_{r=1}^{s} u_r y_{rj}}{\sum\limits_{i=1}^{m} v_i x_{ij}}, E_j \leqslant 1, j = 1,2,\cdots,n$$

在 DEA 中，如果 E_j 达到最大值 1，则称该对应的决策单元 j_0 至少弱 DEA 有效的；如果 $E_j < 1$，则称该对应的决策单元 j_0 非有效。但是在实际问题中，往往很多决策单元对应的效率评价指数都能到达最大值 1，仅用 E_j 一般不能分辨这些决策单元的优劣。

因此，我们能够从 C^2R 模型中判断决策单元是否同时技术有效和规模有效。对于对偶规划（D）有：

（1）如果（D）的最优解 $V_D < 1$，那么决策单元 j_0 为 DEA 无效，说明决策单元的经济活动既不技术有效，也不规模有效。

（2）如果（D）的最优解 $V_D = 1$，那么决策单元 j_0 为弱 DEA 有效，说明决策单元的经济活动不是同时为技术有效和规模有效；反之亦然。

（3）如果（D）的最优解 $V_D = 1$，并且它的每个最优解都 $S^- = S^+ = 0$，那么决策单元 j_0 为 DEA 有效，说明决策单元的经济活动既技术有效，也规模有效；反之亦然。

我们还可以用 C^2R 模型中的 λ_j 来判断决策单元的规模收益情况：

（1）如果存在 $\lambda_{j*}(j=1, 2, \cdots, n)$ 使得 $\sum \lambda_{j*} = 1$，则决策单元为规模收益不变。

（2）如果不存在 $\lambda_{j*}(j=1, 2, \cdots, n)$ 使得 $\sum \lambda_{j*} = 1$，若 $\sum \lambda_{j*} < 1$，则决策单元为规模收益递增。

（3）如果不存在 $\lambda_{j*}(j=1, 2, \cdots, n)$ 使得 $\sum \lambda_{j*} = 1$，若 $\sum \lambda_{j*} > 1$，则决策单元为规模收益递减。

三、基于 DEA 模型的企业知识管理绩效评价实证分析

这里，我们研究提出的企业知识管理绩效评价指标体系的基础上，为了说

明其所描述的绩效评价方法，我们通过中国软实力研究中心，搜集了20家该公司的客户，这些客户涉及食品业、制造业、信息业以及服务业4个领域，都是经过中国软实力研究中心进行了深入的诊断，从战略、组织、人力资源管理、内部组织气氛等角度全方位分析了公司现行制度，提出针对性解决方案的大型企业。之后聘请中国软实力研究中心的专家对其知识管理绩效进行简要评价打分并给出改进的方向。

（一）对评价指标进行评分

首先，请5位中国软实力研究中心的专家，根据我们设计好的各项指标，对应于评语集 $V = \{$很强，较强，一般，较差，很差$\}$，评语加权系数 $F = (9，7，5，3，1)$，对其20家客户的知识管理绩效进行评价，并再次聘请一位资深专家综合五位专家的评价结果，其综合评价结果如表6-2、表6-3所示。

表6-2　　　　　　　　　　　　知识管理投入

指标内容		评价分数																			
		A	B	C	D	E	F	G	H	I	J	K	L	M	N	O	P	Q	R	S	T
知识获取 U1	U11	3	5	5	1	3	3	1	3	1	3	3	5	3	3	5	7	1	1	3	3
	U12	5	3	5	3	5	7	5	5	5	3	9	5	3	3	5	1	7	7	5	3
	U13	7	5	5	3	3	3	9	5	5	7	5	3	5	5	7	7	9	3	3	3
	U14	3	3	1	1	1	1	3	5	5	3	7	7	5	1	1	5	3	1	3	
	U15	7	3	5	3	9	9	7	5	3	7	5	7	9	3	5	5	7	9	9	9
	U16	5	5	3	1	7	3	7	5	7	7	7	9	7	5	7	9	7	9	7	5
知识运用 U2	U21	9	5	5	3	7	5	7	9	1	5	7	5	3	5	5	7	3	3	3	5
	U22	3	3	1	5	5	5	3	5	5	7	5	3	5	7	5	5	7	3	5	3
	U23	5	7	3	3	5	7	1	5	3	7	5	7	7	9	5	3	7	1	7	
	U24	5	5	5	3	5	5	5	5	5	7	9	7	9	9	5	9	5	3		
知识共享 U3	U31	1	7	2	3	7	5	7	5	1	5	5	3	5	1	3	3	1	5	5	1
	U32	7	5	3	5	1	1	1	7	3	9	5	1	3	5	7	3	7	3	3	
	U33	9	9	5	1	7	5	7	5	1	5	7	3	1	9	9	7	7	9	5	
	U34	1	3	6	3	1	5	1	3	1	5	5	3	3	3	7	9	9	5	7	7
	U35	9	7	5	3	5	5	7	1	9	5	3	7	1	5	7	9	7	5	7	
	U36	7	7	5	3	7	9	9	7	1	9	5	5	3	3	7	9	9	5	7	7

表 6-3 　　　　　　　　　　　　　　知识管理产出

指标内容		评价分数																			
		A	B	C	D	E	F	G	H	I	J	K	L	M	N	O	P	Q	R	S	T
财务 U1	U11	7	7	3	3	7	5	7	5	7	5	5	1	7	9	5	7	9	7	5	5
	U12	5	3	5	7	5	9	5	5	5	3	9	3	7	5	5	9	7	7	5	7
	U13	3	3	5	7	3	3	7	9	3	3	3	3	5	5	3	5	7	5	7	5
	U14	1	3	3	1	1	5	1	3	5	1	1	1	3	7	5	5	1	3	5	1
	U15	5	7	5	3	3	1	1	9	5	7	5	5	5	3	9	5	3	7	9	9
	U16	5	5	3	5	7	3	7	5	7	7	7	1	7	7	9	7	9	9	7	5
	U17	9	5	5	7	5	7	9	9	9	5	1	5	9	5	5	7	7	3	3	5
客户 U2	U21	3	3	1	5	5	7	1	9	5	7	5	5	7	9	5	7	3	5	3	3
	U22	5	7	3	5	7	3	5	5	5	7	5	7	9	7	5	9	3	7	1	7
	U23	5	5	7	5	3	5	5	5	7	5	7	9	7	5	9	9	5	3	5	3
	U24	9	7	9	9	7	5	3	7	5	7	5	5	3	9	3	1	5	5	1	1
内部流程 U3	U31	7	5	3	1	1	1	3	7	5	9	5	3	3	5	3	7	1	3	3	3
	U32	9	9	5	7	7	1	5	1	5	9	5	9	9	9	7	7	9	7	9	5
	U33	1	3	3	3	5	1	5	5	1	5	1	3	1	3	1	1	1	3	1	3
	U34	9	5	7	9	5	5	7	3	9	9	9	7	5	9	5	7	5	5	3	3
	U35	3	3	5	9	3	9	3	3	5	1	3	3	1	9	5	7	5	5	7	5
	U36	3	1	3	1	1	7	5	7	3	7	3	7	5	3	5	5	5	3	5	5
	U37	1	9	5	5	1	9	3	9	3	9	3	7	3	7	3	3	9	3	3	9
学习与创新 U4	U41	7	7	3	9	7	7	1	7	7	7	3	7	7	5	9	5	9	5	3	7
	U42	1	3	5	3	3	1	3	5	3	5	1	5	1	3	3	5	1	3	5	3
	U43	3	7	1	3	5	9	5	5	5	3	7	3	3	9	9	9	3	1	3	7
	U44	7	5	5	3	1	1	3	7	5	1	3	5	7	3	1	1	3	7	3	7

（二）指标体系的筛选整理

由于 DEA 方法对原始指标要求较高，它要求决策单元的个数不少于输入指标与输出指标总数的两倍，然而我们只选取了 20 家企业（DMU），对应的输入输出指标总数共有 38 个，完全没有达到输入输出指标的两倍，不能满足 DEA 模型的要求。

在众多的因素中，需要把这些众多因素综合为若干不相关的主要因素，主成分分析法（PCA）为我们提供了方法，它是一种把多个指标转化为少数几个综合指标的统计分析方法。那么本章利用 SPSS 统计分析软件，进行主成分分析以减少输入输出指标的维数。

首先，借助 SPSS15.0 对输入指标（知识管理投入）数据进行分析，得方差分析主成分提取结果，如表6-4所示。

表6-4　　　　　　　　　　　输入指标方差贡献率

Total Variance Explained

Component	Initial Eigenvalues			Extraction Sums of Squared Loadings		
	Total	% of Variance	Cumulative %	Total	% of Variance	Cumulative %
1	5.453	41.579	41.579	5.453	41.579	41.579
2	2.906	24.413	65.992	2.906	24.413	65.992
3	2.249	20.079	86.071	2.249	20.079	86.071
4	1.727	8.624	94.695	1.727	8.624	94.695
5	1.312	2.124	96.819	1.312	2.124	96.819
6	1.076	1.549	98.368	1.076	1.549	98.368
7	0.871	0.846	99.214	0.871	0.846	99.214
8	0.599	0.293	99.507	0.599	0.293	99.507
9	0.252	0.054	99.561	0.252	0.054	99.561
10	0.135	0.048	99.609	0.135	0.048	99.609
11	0.227	0.051	99.660	0.227	0.051	99.660
12	0.229	0.052	99.712	0.229	0.052	99.712
13	0.114	0.047	99.759	0.114	0.047	99.759
14	0.101	0.042	99.801	0.101	0.042	99.801
15	0.326	0.114	99.915	0.326	0.114	99.915
16	0.286	0.085	100.000	0.286	0.085	100.000

Extraction Method：Principal Component Analysis.

在计算主成分的步骤中将出现因子载荷矩阵，我们可以取得每个主成分的方差，即特征根，它的大小表示了对应主成分能够描述原来所有信息的多少（更多情况下是由方差贡献率来反映）。一般来讲，为了达到降维的目的，我们只提取前几个主成分。由于前3个特征值累计贡献率达到86.071%，根据累计贡献率大于85%的原则，故选取前3个特征值。所以决定用3个新变量来代替原来的16个变量。之后用主成分载荷矩阵中的数据除以主成分相对应的特征值开平方根便得到3个主成分中每个指标所对应的系数，即可得到主成分表达式，详见表 6 - 5。

表 6 - 5　　　　　　　　　　输入指标主成分表达式

F1 = 0. 090U11 + 0. 066U12 + 0. 233U13 − 0. 155U14 + 0. 197U15 + 0. 138U16 + 0. 020U21 − 0. 124U22 − 0. 006U23 + 0. 015U24 + 0. 179U31 − 0. 011U32 + 0. 366U33 − 0. 264U34 + 0. 377U35 + 0. 345U36

F2 = − 0. 153U11 + 0. 124U12 + 0. 337U13 + 0. 411U14 + 0. 059U15 + 0. 336U16 + 0. 124U21 − 0. 044U22 + 0. 205U23 + 0. 405U24 − 0. 069U31 + 0. 056U32 − 0. 073U33 + 0. 123U34 + 0. 053U35 − 0. 107U36

F3 = − 0. 096U11 + 0. 063U12 − 0. 239U13 + 0. 197U14 + 0. 296U15 + 0. 196U16 − 0. 437U21 + 0. 457U22 − 0. 341U23 + 0. 307U24 + 0. 001U31 + 0. 014U32 − 0. 043U33 − 0. 073U34 + 0. 119U35 + 0. 095U36

其次，重新利用 SPSS15. 0 对输出指标（知识管理产出）数据进行分析，同理得出方差分析主成分提取结果，详见表 6 - 6。

表 6 - 6　　　　　　　　　　输出指标方差贡献率

Total Variance Explained

Component	Initial Eigenvalues			Extraction Sums of Squared Loadings		
	Total	% of Variance	Cumulative %	Total	% of Variance	Cumulative %
1	3. 612	18. 507	18. 507	3. 612	18. 507	18. 507
2	3. 313	17. 149	35. 656	3. 313	17. 149	35. 656
3	2. 835	14. 523	50. 179	2. 835	14. 523	50. 179
4	2. 607	12. 942	63. 121	2. 607	12. 942	63. 121
5	2. 474	11. 629	74. 750	2. 474	11. 629	74. 750
6	2. 285	10. 251	85. 001	2. 285	10. 251	85. 001
7	1. 474	4. 801	89. 802	1. 474	4. 801	89. 802
8	0. 968	3. 009	92. 811	0. 968	3. 009	92. 811
9	0. 506	2. 691	85. 430	0. 506	2. 691	85. 430
10	0. 374	3. 973	89. 404	0. 374	3. 973	89. 404
11	0. 226	3. 302	92. 706	0. 226	3. 302	92. 706
12	0. 197	2. 261	95. 072	0. 197	2. 261	95. 072
13	0. 146	1. 945	97. 017	0. 146	1. 945	97. 017
14	0. 075	0. 925	97. 942	0. 075	0. 925	97. 942
15	0. 062	0. 655	98. 597	0. 062	0. 655	98. 597

续表

Component	Initial Eigenvalues			Extraction Sums of Squared Loadings		
	Total	% of Variance	Cumulative %	Total	% of Variance	Cumulative %
16	0.043	0.502	99.099	0.043	0.502	99.099
17	0.055	0.518	99.617	0.055	0.518	99.617
18	0.030	0.359	99.976	0.030	0.359	99.976
19	0.005	0.024	100.000	0.005	0.024	100.000
20	1.47E−016	6.70E−016	100.000	1.47E−016	6.70E−016	100.000
21	1.36E−017	6.19E−017	100.000	1.36E−017	6.19E−017	100.000
22	−8.9E−017	−4.04E−016	100.000			

Extraction Method: Principal Component Analysis.

由于前 6 个特征值累计贡献率达到 85.001%，根据累计贡献率大于 85% 的原则，故选取前 6 个特征值。然后用主成分载荷矩阵中的数据除以主成分相对应的特征值开平方根便得到 6 个主成分中每个指标所对应的系数，即可得到主成分表达式，如表 6-7 所示。

表 6-7　　　　　　　　　　输入指标主成分表达式

$F1 = -0.428U11 - 0.024U12 + 0.167U13 + 0.163U14 + 0.224U15 + 0.173U16 - 0.099U17 + 0.146U21 + 0.124U22 - 0.132U23 - 0.321U24 - 0.006U31 - 0.171U32 + 0.099U33 + 0.391U34 - 0.087U35 + 0.341U36 + 0.091U37 - 0.076U41 + 0.226U42 + 0.254U43 + 0.117U44$

$F2 = -0.020U11 + 0.377U12 - 0.076U13 + 0.048U14 - 0.175U15 - 0.192U16 + 0.170U17 + 0.018U21 + 0.235U22 - 0.179U23 - 0.033U24 - 0.191U31 + 0.012U32 + 0.305U33 - 0.062U34 + 0.344U35 + 0.241U36 + 0.376U37 + 0.130U41 + 0.140U42 + 0.318U43 + 0.123U44$

$F3 = 0.074U11 - 0.260U12 + 0.081U13 + 0.180U14 + 0.153U15 - 0.138U16 + 0.301U17 + 0.119U21 + 0.232U22 - 0.181U23 + 0.230U24 + 0.346U31 + 0.259U32 - 0.088U33 + 0.058U34 - 0.290U35 - 0.061U36 + 0.018U37 + 0.075U41 - 0.074U42 + 0.214U43 + 0.390U44$

$F4 = -0.015U11 + 0.168U12 - 0.209U13 - 0.004U14 - 0.101U15 + 0.193U16 - 0.141U17 + 0.344U21 + 0.076U22 + 0.221U23 - 0.286U24 + 0.281U31 + 0.132U32 - 0.236U33 + 0.303U34 + 0.029U35 + 0.256U36 + 0.121U37 + 0.348U41 - 0.221U42 + 0.166U43 - 0.080U44$

$F5 = -0.021U11 + 0.119U12 - 0.169U13 + 0.247U14 + 0.350U15 + 0.123U16 + 0.258U17 - 0.348U21 - 0.221U22 - 0.233U23 + 0.044U24 - 0.071U31 + 0.416U32 - 0.216U33 - 0.007U34 + 0.205U35 - 0.018U36 + 0.071U37 + 0.015U41 + 0.008U42 + 0.097U43 + 0.033U44$

F6 = 0. 253U11 + 0. 028U12 + 0. 449U13 + 0. 237U14 + 0. 153U15 + 0. 075U16 + 0. 157U17 − 0. 024U21 + 0. 322U22 + 0. 322U23 + 0. 117U24 − 0. 096U31 − 0. 012U32 − 0. 062U33 − 0. 023U34 + 0. 178U35 + 0. 091U36 + 0. 219U37 + 0. 298U41 + 0. 232U42 − 0. 079U43 − 0. 047U44

最后，在将 16 个输入指标（知识管理投入）和 22 个输出指标（知识管理产出）分别线性组合成 3 个输入综合指标和 6 个输出综合指标的基础上，根据主成分表达式可以分别得出输入指标（知识管理投入）和输出指标（知识管理产出）综合主成分值，如表 6－8、表 6－9 所示。

表 6－8　　　　　　　　　　　　输入指标综合主成分值

	指标内容	F1	F2	F3
综合主成分值	A	12. 268	9. 397	0. 505
	B	10. 864	7. 461	0. 141
	C	8. 699	7. 15	1. 14
	D	3. 658	4. 097	2. 101
	E	10. 002	6. 547	2. 411
	F	8. 912	6. 405	3. 855
	G	12. 062	9. 507	0. 949
	H	10. 622	9. 129	0. 551
	I	1. 824	11. 381	0. 139
	J	10. 942	9. 115	8. 603
	K	8. 986	10. 525	1. 587
	L	6. 16	12. 219	2. 955
	M	6. 428	12. 433	5. 557
	N	0. 942	9. 901	3. 473
	O	9. 806	9. 337	1. 289
	P	12. 922	7. 427	2. 119
	Q	11. 152	12. 409	6. 297
	R	12. 246	13. 015	4. 359
	S	11. 384	5. 653	6. 369
	T	8. 854	7. 231	2. 111

表 6 - 9　　　　　　　　　　　　输出指标综合主成分值

指标内容		F1	F2	F3	F4	F5	F6
综合主成分值	A	0.316	3.085	13.077	8.013	1.503	10.356
	B	2.35	7.409	12.159	7.347	6.131	12.142
	C	2.262	3.909	6.435	3.233	4.283	11.716
	D	2.958	9.121	6.355	6.753	3.991	14.502
	E	0.852	5.081	6.467	3.365	3.395	8.094
	F	4.03	14.431	4.589	9.759	2.909	12.612
	G	4.49	6.351	5.625	7.967	0.669	12.758
	H	6.072	5.461	12.567	7.351	0.249	10.248
	I	5.758	6.529	10.615	4.837	5.577	18.298
	J	5.654	0.717	5.589	9.061	0.073	9.222
	K	6.3	12.095	8.517	11.083	5.099	11.834
	L	6.768	4.387	5.003	4.955	3.719	12.632
	M	4.214	3.939	5.421	7.219	1.271	11.662
	N	3.982	6.931	14.995	11.015	6.979	15.408
	O	9.612	3.595	13.795	12.317	3.531	12.616
	P	5.334	9.453	6.175	12.711	8.449	12.522
	Q	2.22	6.035	4.883	14.425	2.879	14.164
	R	3.794	1.471	3.709	8.583	5.053	14.456
	S	4.676	1.573	5.569	6.327	6.989	13.492
	T	7.094	9.343	8.169	7.937	5.615	12.044

（三）企业知识管理绩效评价 DEA 模型的建立及计算

根据 DEA 原理建立了具有非阿基米德无穷小量 ε 的 C^2R 模型：

$$
(D_\varepsilon)\begin{cases}
\min\left[\theta - \varepsilon\left(\sum_{j=1}^{3} s^- + \sum_{j=1}^{6} s^+\right)\right] = v_D(\varepsilon) \\
\text{s. t.} \\
\sum_{j=1}^{20} x_j\lambda_j + s^- = \theta x_0 \\
\sum_{j=1}^{20} y_j\lambda_j - s^+ = y_0 \\
\lambda_j \geq 0, j = 1,2,\cdots,n \\
s^+ \geq 0, s^- \geq 0
\end{cases}
$$

为了方便，减少计算量，提高计算精度，我们采用 MATLAB7.0 数学软件进行计算 C^2R 模型线性规模，得到 20 个决策单元的相对效率评价指数分别为见表 6 – 10。

表 6 – 10   相对效率评价指数

$E_{11}=0.5797$	$E_{22}=0.7952$	$E_{33}=1.0000$	$E_{44}=1.0000$	$E_{55}=0.7029$
$E_{66}=1.0000$	$E_{77}=0.8970$	$E_{88}=0.8769$	$E_{99}=1.0000$	$E_{1010}=0.6574$
$E_{1111}=1.0000$	$E_{1212}=0.4687$	$E_{1313}=1.0000$	$E_{1414}=1.0000$	$E_{1515}=0.9760$
$E_{1616}=0.7698$	$E_{1717}=0.9225$	$E_{1818}=1.0000$	$E_{1919}=0.8946$	$E_{2020}=1.0000$

根据 C^2R 模型原理，如果相对效率评价指数达到最大值 1，则称该对应的决策单元至少弱 DEA 有效的；如果相对效率评价指数小于 1，则称该对应的决策单元非 DEA 有效。从表 6 – 10 可以看到 DMU3、DMU4、DMU6、DMU9、DMU11、DMU13、DMU14、DMU18、DMU20 至少是弱 DEA 有效，其他 DMU 则都非 DEA 有效。

但是，仅知道相对效率评价指数还是不够，因为它一般不能从 C^2R 模型中判断决策单元是否同时技术有效和规模有效。为此，我们还需利用 MATLAB7.0 进一步进行计算，得计算结果见表 6 – 11、表 6 – 12。

表 6 – 11   松弛变量计算结果

DMU	S_1^{-0}	S_2^{-0}	S_3^{-0}	S_1^{+0}	S_2^{+0}	S_3^{+0}	S_4^{+0}	S_5^{+0}	S_6^{+0}	θ^0
1	4.8	0	0.1	0	0	6.3	0	0	0	0.5797
2	3.2	0	0	0	0	0	4.2	0	0	0.7952
3	0	0	0	0	0	0	0	0	0	1
4	0	0	0	0	0	0	0	0	0	1
5	2.4	0	0	1.2	0	6.5	0	0	0	0.7029
6	0	0	0	0	0	0	0	0	0	1
7	0	3.1	0	0	0	0	0	4.7	0	0.8971
8	4.5	0	0	0	0	0	0	0	8.3	0.8769
9	0	0	0	0	0	0	0	0	0	1
10	3.1	2.6	0	0	0	2.3	3.8	0	0	0.6574
11	0	0	0	0	0	0	0	0	0	1
12	0	3.2	0.3	0	3.2	0	1.7	0	0	0.4687
13	0	0	0	0	0	0	0	0	0	1
14	0	0	0	0	0	0	0	0	0	1
15	0	0	6.7	0	0	0	14.4	0	9.6	0.976
16	3.7	1.5	0	0	0	3.8	0	1.8	0	0.7698
17	0	4.1	0	0	0	12.3	0	0	0	0.9225
18	0	0	0	0	0	0	0	0	0	1
19	99.1	0	0	0	0	0	23.1	0	11.5	0.8946
20	0	0	0	0	0	0	0	0	0	1

表 6–12　规模收益参数计算结果

DMU	λ_1	λ_2	λ_3	λ_4	λ_5	λ_6	λ_7	λ_8	λ_9	λ_{10}	λ_{11}	λ_{12}	λ_{13}	λ_{14}	λ_{15}	λ_{16}	λ_{17}	λ_{18}	λ_{19}	λ_{20}	$\sum \lambda_j$
1	0.3468	0	0	0	0	0.2316	0	0	0	0.5161	0	0	0	0	0	0	0	0	0	0	1.0945
2	0	0	0	0	0	0	0.2223	0	0	0	0	0	0	0	0.4321	0	0	0	0	0	0.6544
3	0	0	1	0	0	0	0	0	0	0	0	0	0	0	0	0	0	0	0	0	1
4	0	0	0	1	0	0	0	0	0	0	0	0	0	0	0	0	0	0	0	0	1
5	0	0	0	0	0	0.463	0	0	0	0.1029	0	0	0	0	0	0	0	0.5743	0	0	1.1402
6	0	0	0	0	0	1	0	0	0	0	0	0	0	0	0	0	0	0	0	0	1
7	0	0	0	0	0	0	0	0	0	0.3712	0	0	0	0	0.3673	0	0	0	0	0	0.7385
8	0.4865	0	0	0	0	0	0	0	0	0	0	0	0	0	0	0	0	0.3321	0	0	0.8186
9	0	0	0	0	0	0	0	0	1	0	0	0	0	0	0	0	0	0	0	0	1
10	0.1437	0	0	0	0.2364	0	0	0	0	0	0	0	0.3674	0	0	0	0	0	0	0	0.7475
11	0	0	0	0	0	0	0	0	0	0	1	0	0	0	0	0	0	0	0	0	1
12	0	0	0	0	0.1647	0	0	0	0	0.4687	0	0	0.1243	0	0	0	0	0	0	0	0.7577
13	0	0	0	0	0	0	0	0	0	0	0	0	1	0	0	0	0	0	0	0	1
14	0	0	0	0	0	0	0	0	0	0	0	0	0	1	0	0	0	0	0	0	1
15	0	0	0	0	0	0	0.4465	0	0	0	0	0	0.2341	0	0	0	0	0	0	0	0.6806
16	0	0	0	0	0	0	0	0	0	0.4365	0	0	0	0	0	0	0	0.2541	0	0	0.6906
17	0	0	0	0	0	0.2323	0	0	0	0.6212	0	0	0	0	0.3231	0	0	0	0	0	1.1766
18	0	0	0	0	0	0	0	0	0	0	0	0	0	0	0	0	0	1	0	0	1
19	0.3423	0	0	0	0	0	0.2123	0	0	0	0	0	0	0	0.1127	0	0	0	0	0	0.6673
20	0	0	0	0	0	0	0	0	0	0	0	0	0	0	0	0	0	0	0	1	1

1. DEA 有效性分析

根据 DEA 有效性判别定理，通过表 6 - 11 可以看出：至少弱 DEA 有效的 DMU3、DMU4、DMU6、DMU9、DMU11、DMU13、DMU14、DMU18、DMU20 的解中的松弛变量 $S^- = S^+ = 0$，故这 9 个决策变量同时技术有效和规模有效，即 DEA 有效。

而其他决策单元的相对效率评价值均小于 1，说明它们都是非 DEA 有效的。从相对有效性的值分布情况来看，大部分的决策单元有效性均大于 0.75，但也存在极个别决策单元（企业 L）效率评价值仅为 0.4687，这也说明了企业之间的效率差别很大。从原始指标值来看，企业 L 在知识共享指标上投入较低，这就说明了该企业和个人积累的知识传播能力差，具体表现在企业与合作者的战略合作能力、对竞争对手的了解和向客户的学习机制、企业内部交流平台、局内网的开发和利用水平以及内部员工共享激励机制等各个方面，这也充分印证了知识共享在企业知识管理中的地位是举足轻重的。

2. DEA 的规模收益分析

根据 DEA 有效性的经济含义，在一定的取值内，生产函数为增函数和凸函数的基础上，当生产函数的边际函数为增函数时，生产商的投资积极性明显递增，这时称之为规模收益递增。

我们可以用 C^2R 模型中的 λ_j 来判断决策单元的规模收益情况：

（1）如果存在 $\lambda_{j*}(j = 1, 2, \cdots, n)$，使得 $\sum \lambda_{j*} = 1$，则决策单元为规模收益不变。

（2）如果不存在 $\lambda_{j*}(j = 1, 2, \cdots, n)$ 使得 $\sum \lambda_{j*} = 1$，若 $\sum \lambda_{j*} < 1$，则决策单元为规模收益递增。

（3）如果不存在 $\lambda_{j*}(j = 1, 2, \cdots, n)$ 使得 $\sum \lambda_{j*} = 1$，若 $\sum \lambda_{j*} > 1$，则决策单元为规模收益递减。

从表 6 - 12 上可以看出，DMU3、DMU4、DMU6、DMU9、DMU11、DMU13、DMU14、DMU18、DMU20 规模收益不变；DMU2、DMU7、DMU8、DMU10、DMU12、DMU15、DMU16、DMU19 规模收益递增；DMU1、DMU5、DMU17 规模收益递减。因此，企业自身应该注意这么一条重要的经济规则，尤其是那些规模收益递减的企业。

3. DEA 相对有效面上的投影分析

DEA 有效如果用图像描述，就是 C^2R 模型中决策单元对应的点位于生产可能集的前沿面上。生产前沿面的形状是一个凸锥形，是所有决策单元对应点的数据包络面的一部分。对于非 DEA 有效的决策单元对应的点就不在生产前沿面上。因此，我们可以通过调整其投入指标数值，也就是将决策单元的点在 DEA 相对有效面的投影重新构造一个新的决策单元，使其转化为 DEA 有效。

根据 DEA 模型定理，设

$$\hat{x}_0 = \theta^0 x_0 - s^{-0}$$
$$\hat{y}_0 = y_0 + s^{+0}$$

其中，λ^0，s^{-0}，s^{+0}，θ^0 是决策单元 j_0 对应的线性规划问题（D_ε）的最优解，则（$\hat{x}_0$，$\hat{y}_0$）为原来的决策单元对应的（x_0，y_0）在 DEA 相对有效面上的投影，它是 DEA 有效。

由上述定理可知，对应非 DEA 有效的 DMU，可将其投影到 DEA 有效面，即把非 DEA 有效的 DMU 变成有效的 DMU。下面以效率评价值最小的企业 L 为例（见表 6 – 13），为了得到同样的输出，输入可以减少到：

表 6 – 13　　　　　　　　　　　投影分析结果

DMU	输入评价指标	原始指标数据	DEA 相对有效面"投影"面
企业 L	F1	6. 16	2. 887
	F2	12. 219	2. 527
	F3	2. 955	0. 497

$$\hat{F}_1 = \theta F_1 - S_1^- = 6.16 \times 0.4687 - 0 = 2.887$$

$$\hat{F}_2 = \theta F_2 - S_2^- = 12.219 \times 0.4687 - 3.2 = 2.527$$

$$\hat{F}_3 = \theta F_3 - S_3^- = 2.955 \times 0.4687 - 0.3 = 0.497$$

在输入数据的调整过程当中，我们可以发现在非 DEA 有效的企业中，普遍存在投入相对过剩，没有实现企业技术和规模同时最大化，即在要达到行对经营效果最优，在保证产出的情况下，其投入仍然可以减少；或者在投入不变的情况下，其产出还可以增加。而从产出数据的调整当中，我们可以发现对非 DEA 有效单元的投入要素进行调整后，产出改变的主要内容是内部流程和学习与创新，而在财务和客户产出方面发生的变化较小，可见，企业知识管理绩效评价首先反映在内部流程的改变，使核心流程自动化，提高产品的合格率，并能使企业的学习和创新能力增强，研制新产品的专利数量增加，提高企业知识的创新能力。

四、结论

　　以上基于 DEA 方法的应用步骤，进行了决策单元的选择，建立 DEA 模型输入输出指标体系，并对选定的指标进行 DEA 有效性分析后建立了企业知识管理绩效评价 DEA 模型。基于 DEA 模型，在对评价指标进行打分和利用主成分分析法对指标进行筛选后根据 DEA 原理建立了具有非阿基米德无穷小量 ε 的 C^2R 模型，并对其结果进行了 DEA 有效性分析、规模收益分析以及相对有效面上的投影分析，从而对企业知识管理绩效评价进行了实证分析，客观地评价了企业知识管理的实施效果。

第七章
知识管理发展

在知识管理全过程中，知识管理理论不断丰富发展，知识管理实践都得到快速发展，为企业实现"绿色、循环、低碳"可持续发展作出越来越大的贡献。

第一节　平等管理[①]

在知识经济发展的今天，企业知识管理受到高度地重视。在知识管理中，摆在企业（组织）面前的一个十分重要的问题是，怎样激励和发挥它的员工创造知识的积极性。为此，我们首次提出平等管理。我们认为，平等管理是知识管理发展的必然。

一、平等管理的"瓶颈"

随着知识经济的发展，知识的生产按几何级数增长。人们，包括各种企业（组织）对知识的需求比以往更为迫切，人们通过各种渠道的学习与交流来获得比以往多得多的知识，并应用之以实现自身的价值与目标。这不仅有利于个人，也有利于企业（组织），有利于国家，有利于民族。从经济学的角度来说，时至今日知识已经替代劳动力、物质、资金、信息而成为第一生产要素，并且是决定性的要素。由于知识不同于其他的要素，并有着本质的区别，因此如何管理知识就成为企业（组织）一个迫切要解决的问题，知识管理应运而生。我们认

---

① 参见葛新权：《平等管理及其在企业管理中的应用》，载《中国社会科学报》，2011 年 3 月 10 日，第 12 版（管理学）。

为，知识管理是对企业（组织）知识生产（创新）、分配、交流（交换）、整合、内化、评价、改进（再创新）全过程进行管理，以实现知识共享，增加企业（组织）知识增量和产品（服务）中的知识含量，提高企业（组织）创新能力和核心竞争能力，提高顾客对企业（组织）产品（服务）满意度和忠诚度，保证企业（组织）高速、健康、持续发展，在激烈的全球化竞争中立于不败之地。

企业知识管理的实质是对企业（组织）中所有员工的经验、知识、能力等因素的管理，实现知识共享并有效实现知识价值的转化，以促使企业（组织）知识化、促进企业（组织）不断成熟和壮大。简言之，企业知识管理的主要内容是对知识的生产、交流、共享、整合、内化、评价和改进等进行管理。

在企业知识管理研究与实践中，我们认为一个制约着实施知识管理的"瓶颈"是，如何发挥企业（组织）所有员工在创造、交换、使用知识的积极性、主动性。事实已经证明，传统的人力资源管理中的激励机制也没能很好地解决这个问题。为此，我们提出平等管理，能够使企业知识管理走出这一困境。

二、平等管理产生的必然

为什么提出平等管理呢？道理很简单，在企业知识管理中，由于管理对象发生了变化。过去，管理对象要么是物、资金、员工、信息，而知识管理的对象是知识。知识具有物质、资金、员工、信息所不具有的特点，知识是人的大脑劳动的科学成果，或者储存在大脑中而成为隐性知识，或者使用诸如纸、软盘、光盘、模型、图表等载体展示出来而成为显性知识。特别地，对知识的管理不同于对人的管理，也不同于对信息的管理。虽然，人或信息与知识的联系较为密切，但有本质的不同。每个人所受教育不同，学习能力不同，所拥有的知识结构与水平不同，创造与运用知识能力不同，因而知识的差别是人的本质差别。因此，对人的管理，没有抓住知识这一实质。另外，信息与知识不同表现在，两者互不包含，但有交集。即有是信息而非知识，或是知识而非信息，或既是信息又是知识。所以，对信息的管理不能代替对知识的管理。

一方面，企业知识管理无外乎包括对企业（组织）知识生产、交流、分配、获取、利用的管理。除知识生产外，对于显性知识来说，由于很容易地将其编码化，使员工共享，所以通过建立必要的机制与制度进行管理是比较容易的。但对于隐性知识，以及显性知识的生产来说，知识管理就不那么容易。正如以上所述，隐性知识是指隐含经验类知识，它存在于员工的头脑中或组织的结构和文化中，不易被他人获知，也不易被编码。然而，如知识连线有限责任公司首席执行官荣·杨（Ron Yang）所说："显性知识可以说是'冰山的尖端'，隐性知识则是隐藏在冰山上底部的大部分。隐性知识是智力资本，是给大树提供营养的树根，显性知识不过是树的果实。"因此，通过设计适当的制度，可以促进员工与他人共享自己的隐性知识是知识管理中一项十分重要而困难的任务。因为这不仅与知识管理系统技术有关，更与创造知识的人有关，与人的个性、素质、心理、道德、伦理等因素有关，这里涉及如何调动他们的积极性和创造性的问题。

另一方面，客观上讲，在知识管理的时代，企业（组织）中的任何员工与过去非同日而语，他们都具有一定的创造知识的能力，参与组织活动的意识比以往任何时候都强，决非甘愿处于被动的地位。这无疑对企业（组织）来说，是巨大的、潜在的力量，它的作用不可估量。企业（组织）要思考问题的是，如何尊重他们，不要把他们视为管理或监督对象，保护他们，给他们机会，充分把他们的潜能开发出来，为企业（组织）目标服务。

从以上的分析可见，在企业知识管理建立企业文化，以及对人的管理至关重要。传统的管理理论不能解决知识管理中的这一深层次的问题。因此，我们提出平等管理。简单地讲，平等管理就是在企业（组织）管理中人人处于平等的地位。或者说，人人都有平等的管理权和人人都处于平等的被管理的地位。

是人推动了社会文明进步，反过来，随着社会文明进步的一个重要标志是人人平等，并且随着文明进步程度的提高，人人平等的程度也相应提高。因此，平等管理不仅是企业知识管理发展的必然，也是社会文明进步的必然。

三、平等管理的思想

所谓平等管理是指，在企业（组织）中，虽然每个人的岗位、职责、权利有差别，但上岗的机会是平等的。从管理的角度来讲，人人是平等的。每个人都有自己的责权利，这也是平等的。从总经理到一般员工，不是职位高的人管理职位低的人，而是每个人都被自己的职责所管理，这也是平等的。在企业（组织）的活动中，每个人都有参与权，不可被剥夺，这也是平等；每个人发表自己意见的机会与权力也是平等的；每个人都按自己权责进行管理与决策，这也是平等的。因此，上、下级岗位职责管理关系不能被理解为上一级岗位的人管下一级岗位的人，而应理解为，上一级岗位的职责管理下一级岗位的职责，上一级岗位上的人只是执行职责的实施者而已。

因此，人与人之间的差别仅体现在责权利上。而对责权利来说，每个人都对自己的责权利负责，这同样是平等的。

平等管理的基本原则是尊重人、尊重人格、尊重人性。在管理方面人人平等；在责任方面人人平等。特别值得一提的是，上级尊重下级是十分重要的。

平等管理的目标是，在企业（组织）中通过树立员工人人平等的理念，创造出一个良好的共享知识的企业文化氛围与环境，以保护每一位员工的参与意识，激发每一位员工的积极性和创造性，有利于知识的创造、分配、交换、使用；有利于企业（组织）管理能力与水平提高；有利于实现企业（组织）的目标。

在企业（组织）中，如何实施平等管理呢？我们认为，实施平等管理的一个重要目的是，有利于隐性知识显性化和编码化。然而，这可以通过 ISO9000 的质量认证来实现将大量隐性知识提升到程序性与操作性文件中来，使其显性化。因此，依照知识管理的要求以及 ISO9000 质量管理体系（2000）我们所提出的知识管理体系[1]具有重要的指导意义。该知识管理体系包括 6 个方面：一是企业（组织）最高管理者的管理职责，主要是制定企业（组织）知识管理战略，特别建立知识创新激励机制、制度和政策，确立企业（组织）知识管理的方针和目标；建立核心能力的动态联盟，提高企业（组织）核心竞争能力；塑造知识型企业（组织）的企业文化，提高员工素质；建立新的资源分配机制和原则，即包括非知识资源，也包括知识资源的分配；主持知识管理体系的管理评价；实施企业再造，建立知识型企业的组织机构。二是设置知识主管（CKO），负责企业（组织）知识管理工作，这是实施知识管理的关键。CKO 的基本功能是开发、应用和发挥企业所有员工的智力、知识创新能力以及集体的智慧和创造力。CKO 主要任务就是要创造、使用、保存和转让知识。三是市场分析与顾客需求分析。对知识、技术、资本、资源、产品等市场进行分析，对知识、技术和产品的发展进行预测，对产品的市场占有率和竞争力进行分析；在对顾客调查的基础上，作出顾客现在的需求分析、顾客的未来的需求分析、顾客的未知需求分析。四是知识资源管理。建立人力资本投资和管理体系；建立知识库，增加知识存量，调整知识结构，保证企业知识共享。五是企业（组织）知识管理运作过程。建立知识管理运行机制，进行企业（组织）知识生产、交换、整合、内化的管理，促进知识再生产过程形成良性循环，规避企业（组织）知识管理中的风险。六是知识管理的评价和改进。建立知识管理的评价原则；提出知识管理的评价方法；制定知识管理的评价体系；实施顾客满意度评价，并及时进行知识管理改进。也就是说，只要我们依据这一体系来重构企业（组织）管理结构，即在该体系的每个方面都树立平等管理的思想，制定出具有相互性的管理职责，就能使每个员工有平等的管理责权利，也就能够创造出真正的有利于

---

[1]　参见刘宇、葛新权：《企业知识管理体系初探》，载《中央社会主义学院学报》，2000 年第 12 期。

知识管理的氛围。

第二节　基于知识共享的虚拟企业知识管理模型①

在世界经济一体化、各国经济全球化的进程中，经济形态表现出从资本经济向知识经济转变的重要特征。随着知识经济的日益深化，信息技术和网络技术的飞速发展，虚拟企业这一新型组织形式、管理模式顺应经济发展要求而产生。虚拟企业是由具有独特核心能力的多个法人主体联合组成的，依托网络技术为主要运行手段的，在激烈的市场竞争中能够实现资源共享和风险共担的动态联盟。知识作为企业核心竞争力的集中体现，存在于虚拟企业不同的成员企业中。如果将虚拟企业看作是成员企业知识的联合体系，那么在这个庞杂的知识体系下，知识的形成、积累、传播与共享是实现虚拟企业运行的战略支撑。因此，基于知识共享模型研究虚拟企业的知识管理问题具有重要价值。

一、顾客关系与顾客知识

当今，组织最具竞争力的要素，继劳力、资本等生产要素之后已逐渐转移至其本身所具有的独特性和持续性资源。21 世纪是知识的世纪，有效掌握与管理知识，已是企业能否维持竞争力与继续生存的关键。因此，为组织创造出持续性竞争优势的资源莫过于"知识"。可见，知识管理是组织创造价值的基石。组织知识的源泉来自于内部和外部，对于来自于组织内部知识的管理，20 世纪90 年代以来，国内外众多学者从理论到实践进行了广泛深入的探讨和研究，并取得了显著的成果。但是，在知识管理时代，组织依存于顾客，这种依存关系不仅表现在市场上的供求方面，同时也体现于知识共享和知识协同方面。

为此，基于顾客知识是组织的外部知识源的观点，我们研究构建组织与顾客的知识共享模型，旨在组织与顾客交往、互动过程中，逐渐提高组织和顾客的知识层级，同时，创造新知识。从而提高组织的价值，增强组织的竞争优势。

自 20 世纪 80 年代以来，随着市场环境的变化，买方市场的形成。生产、销售者在市场中的决定力量已经发生了转移，生产、销售者不再占优势，顾客的选择开始逐渐起决定作用，至此，组织开始重视与顾客的关系。

---

① 参见葛新权，周秀玲：《基于知识管理的企业知识管理模型研究》，载《工业经济》，2007 年第12 期；葛新权、金春华、周飞跃：《基于知识挖掘的科技管理创新》，载《北京市哲学社会科学规划办：北京市哲学社会科学研究基地成果选编 2009（上、下）》，同心出版社 2009 年版。

《哈佛商业评论》中把"顾客关系"列为组织资源的第一位，其重要性位于门户、产业位置、人才之前。可见，在产品同质化和营销同质化日益严重的今天，持久的稳定的顾客关系，对于组织的生存和发展的重要意义是不言而喻的。

20世纪90年代，顾客关系的概念在世界各国得到了快速的认同和运用。近年来，学者们进一步从顾客资产、关系、价值和知识的角度进一步提出顾客资源的概念。由于组织竞争力的基点正在从内部的资源转移到适应外部环境的动态能力上，而顾客资源因能有效地衔接组织内部资源和外部环境机会而受到企业界和学者的关注。在知识管理的背景下，顾客资源中的顾客知识有效地与组织实施共享，是构筑组织核心竞争力的强大支撑，有了这一支撑组织的核心竞争力在市场和技术的发展中，可充分体现出动态竞争的优势。为此，顾客知识及其与组织的共享的研究具有十分重要的意义。

经济合作与发展组织（OCED）在《以知识为基础的经济》报告中，将知识分为4种类型：一是事实知识（know-what）；二是原理和规律知识（know-why）；三是技能知识（know-how）；四是人际知识（know-who）。基于这种分类顾客知识应包括：一是顾客的自然信息；二是顾客具备的有关产品、服务的自然原理和规律方面的科学理论；三是顾客具备的有关产品、服务的技艺和能力；四是顾客具备的创新思想、方法、手段、过程等。上述顾客知识在组织的经营活动中，以顾客信息的形式大量存在，若要使其发生效用，应进一步研究顾客知识如何与组织知识的达成共享。

二、构建顾客知识与组织知识的转化模型

（一）知识管理的基本理论

英国哲学家波兰尼于1958年在《个人知识》一书中，提出默会知识理论，"默会的知识"（tacit knowledge），我们习惯称之为"隐性知识"。它是一种只可意会不可言传的知识，是一种经常使用却又不能通过语言文字符号予以清晰表达或直接传递的知识。如我们在做某事的行动中所拥有的知识，这种知识即是所谓的"行动中的知识"（knowledge in action），或者"内在于行动中的知识"（action-inherent knowledge）。深入理解，"隐性知识"包含两个层面。一是技术层面，包括非正式的难以明确的技能或手艺，常称之为秘诀；二是认知层面，包括信念、理想、价值观、情感或心智模式。与此相对应的是"明确的知识"（explicit knowledge），我们习惯称之为"显性知识"，是指"用书面文字、图表和数学公式以及能够用各种明言符号加以表述的知识"。从上述可知，顾客知识中的顾客自然信息，以及顾客具备的有关产品、服务的自然原理和规律方面的

科学理论为显性知识；而顾客具备的有关产品、服务的技艺和能力，以及顾客具备的创新思想、方法、手段、过程等为隐性知识。

如前所述，1995 年日本著名学者野中郁次郎（Nonaka）和竹内弘高（Tadeuchi）在《创造知识的企业》一书中，提出了隐性知识与显性知识相互转换的 4 个阶段：

（1）共同化（socialization）从隐性知识到隐性知识。通过共同体验分享和创造隐性知识的过程。

（2）表出化（externalization）从隐性知识到显性知识。通过对话和反思将隐性知识转换成显性知识的过程。

（3）联结化（combination）从显性知识到显性知识。将显性知识及信息进行系统化并且加以利用的过程。

（4）内在化（internalization）从显性知识到隐性知识。在实践中学习获取新的隐性知识的过程。

（二）顾客知识与组织知识的转化模型

顾客知识与组织知识分别都含有隐性和显性的特征，在转化过程中应遵循共同化、表出化、联结化、内在化的过程。由于顾客知识与组织知识分别属于两个不同范围，他们之间的转化应有别于一般性特征，为此我们依据知识转化的内在逻辑关系，构建了顾客知识与组织知识转化模型，如图 7 - 1 所示。

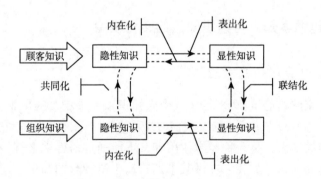

图 7 - 1　顾客知识与组织知识转化模型

1. 转化模型的要素

转化模型要素包括主体要素和特征要素。主体要素为顾客知识和组织知识；特征要素为知识本身具有的隐性和显性。

2. 转化模型表述的转化类型

转化模型中有四对往复互动过程，归结为两类转化。一类是顾客知识与组织知识的两者相互转化，体现于共同化和联结化过程；另一类是顾客知识、组织知识的各自内部转化体现于表出化和内在化过程。

3. 转化模型的动态特征

转化模型在动态旋转中形成转化螺旋。即：无论顺时针螺旋（外环箭头连接）还是逆时针螺旋（内环箭头连接），都将顾客知识与组织知识的相互转化和内部转化融会联通，形成动态转化螺旋。

进而，我们提出的转化模型描述了顾客知识与组织知识的转化机制，为构建组织与顾客的知识共享模型奠定了基础。

三、构建组织与顾客的知识共享模型

（一）知识共享模型中的知识流和知识场

顾客知识和组织知识在双方交互过程中不断涌现，形成顾客知识流和组织知识流。而两者涌现知识的转化，从上述的转化模型中表明，顾客知识与组织知识转化中的往复互动过程与动态旋转过程是同步发生的，这就需要组织创建一个能使顾客知识流与组织知识流交会一处的"知识场"。知识场是由知识转化螺旋递进维度与知识层级维度构成（如图7-2所示），两股知识流交会后遵循转化模型中的转化机制形成转化。如同物理学中的"场"一样，不同物质在"场"中相互作用，最终达到平衡。因此，所构建的"知识场"，为顾客和组织提供了双方通过交流和互动共享彼此知识的概念空间，其目的是通过知识共享不断提高顾客和组织的知识层级进而达到双赢。

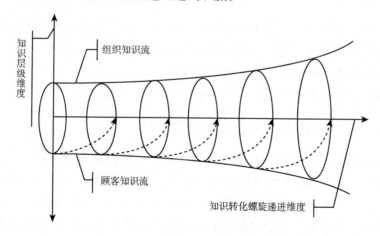

图7-2　组织与顾客的知识共享模型

（二）知识共享模型中的动态螺旋递进原理

由图 7-2 可见，顾客知识与组织知识在相互转化和内部转化中融会联通，形成了动态转化螺旋。当顾客知识流和组织知识流汇聚"知识场"后，由动力机制产生推动力，推动动态转化螺旋，使螺旋在旋转中递进。知识场中的动力机制是在科学技术的进步和市场需求的变化中形成的。顾客在与组织的交互中基于期望、需求和偏好不断地对产品和服务提出更高的要求，组织为了持续满足顾客要求将不断收集信息汲取新知识（包括来自顾客和社会各界的），因而形成了推动知识转化螺旋递进的动力机制。在转化螺旋从一个层面递进到另一个层面的过程中，带动了组织知识和顾客知识的升级，这就是组织与顾客知识共享模型中的动态螺旋递进原理。

总之，顾客知识是顾客资源的一部分，也是组织外部的重要知识源，基于这一认识基础，并遵循知识转化过程的规律，构建顾客知识与组织知识的转化模型，建立了顾客知识与组织知识在各自内部转化和两者相互转化的机制，揭示了转化螺旋的动态特性。在此基础上，进一步构造组织与顾客知识共享模型，其模型描述了顾客知识流和组织知识流汇集于知识场后，在动力机制的推动下使知识转化螺旋不断递进，从而实现组织与顾客的知识共享，在知识共享中提升组织与顾客的知识层级，在创造新知识的同时增强组织的核心竞争力。

四、虚拟企业：学习型动态联盟的组织

虚拟企业作为一种企业间的动态组织形式，是企业有效的竞争战略之一，是战略和结构的有机结合。从组织学习理论的角度透视，虚拟企业是一种基于学习的联盟组织，称之为学习型动态联盟组织。

它的学习型动态联盟组织的特性可以从以下几个方面进行分析：

（一）从联盟的主要要素来分析

在企业联盟过程中，合作企业支付的要素一般包括作为有形资产的土地、设备、劳动、资本等，作为无形资产的技术、知识、技能、能力、价值理念等。虚拟企业作为一种企业知识型联盟，侧重的是基于知识技能和能力等无形资产要素的合作，依托数字化信息技术、网络技术将成员企业的核心知识能力对接到一起，从而能够有效地实现成员企业间知识、技术和能力的学习与累积，进而提升虚拟企业的整体竞争力。

（二）从组织结构的特点来分析

虚拟企业作为一种企业间动态联盟，其组织结构突破了传统企业的科层化、金字塔形式，具有网络状、扁平化特征。这种网络状、扁平化的组织结构使得成员企业的信息交流、知识传播突破了传统企业"法人边界刚性"的制约，使得知识非线性扩张和协同效应迅速增加，成员企业间相互学习能够产生"共生放大"效应，有利于"新资源"的形成，产生"合作剩余"。

虚拟企业网络状、扁平化的组织结构见图7-3。

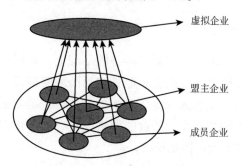

图7-3　虚拟企业组织结构

（三）从联盟意图来分析

虚拟企业作为一种企业间动态联盟，不仅为了成员企业间共享资源、降低成本、规避风险，更主要的目的是作为进入对方的核心知识，显著增加学习效果的手段，强调在"合作双赢"的驱动下学习和创造知识，进而创造价值。

从上述分析中，我们可以认为虚拟企业本质上是一种学习型动态联盟的组织，并具有学习型动态联盟的知识性、创造性、超时空性、紧密性的特征。

五、知识管理：虚拟企业管理模式的必然选择

知识资源是虚拟企业运作的关键要素，学习型动态联盟虚拟企业的核心目标是学习和创造知识并使之在组织中高效地相互转化、溢出与释放，以此提升虚拟企业整体的核心竞争力。

（一）虚拟企业作为知识密集型组织需要知识管理

对于知识密集型企业来说，知识和智力是决定企业核心竞争力的关键资源。虚拟企业中顾客的个性化资料、客户关系、员工的经验、组织的学习能力、组

织的创新能力、组织和个人网络等都需要一种新的管理模式——知识管理模式。

（二） 虚拟企业作为网络化学习型组织需要知识管理

虚拟企业构建在网络组织基础上，虚拟企业的运行要求其成员企业不但需要自身的知识管理，而且需要对合作伙伴的知识、信息进行管理，以便于充分利用智力资产创造效益。网络化组织是建立在协同工作原理的基础之上，需要虚拟企业通过知识管理来了解每个网络节点企业的硬件设施与知识技术条件，以保证信息流、物流和资金流在网络组织间的通畅流转。

（三） 虚拟企业的智力资产需要知识管理

虚拟企业运行在网络经济和知识经济的基础上，知识劳动是其基本的劳动形式，知识、信息和智力资源成为企业最宝贵的战略资源，虚拟化生产使无形的智力资产对利润的贡献率远远高于有形的物质资产的贡献率。虚拟企业依托于科技的发展，巨大的数据库、开放的网络模式有利于虚拟企业高效地管理其智力资产，从而创造更大的附加价值。

（四） 虚拟企业有效协同运行需要知识管理

虚拟企业是对外高度竞争和对内高度协同的对立统一体，其合作伙伴之间的高度协同必须以信息流和知识流的畅通为基础，虚拟企业选择知识管理模式是有效协同运行的要求。

六、二维结构：虚拟企业知识管理的层次

虚拟企业是企业之间为共同抓住某一市场机遇而结成的动态联盟，它将相关而分散在全球不同地域的企业知识纳入虚拟企业的整体运行中。因此，虚拟企业的知识可分为成员企业的知识和成员企业之间的网络知识，相应地，虚拟企业的知识管理包括成员企业的知识管理和成员企业之间的网络知识管理。其中，成员企业的知识管理是虚拟企业知识管理的基础，成员企业之间的网络知识管理是虚拟企业知识管理的核心。

（一） 成员企业知识管理

在这里，成员企业知识管理是指一般意义上的企业知识管理。

1. 成员企业知识分类

成员企业知识按知识的属性和获取、传递的难易程度，可以划分为显性知

识（explicit knowledge）和隐性知识（tacit knowledge）。显性知识是能够明确清晰地表达出来，易于编码化，易于交流和共享的部分；隐性知识是指存在于员工个体和企业内各级组织中难以规范化、难以言明和模仿、不易交流和共享、也不易被复制的部分。企业显性知识和隐性知识不断地发生着各种形式和层次间的流动与转化，进而不断地创造出各种新知识。

成员企业的知识又可以从层次上划分为个体知识、群体知识和组织知识，知识在这三个层次上也不断地发生着流动与转化，形成新的知识。

2. 成员企业知识管理活动

一个完整的企业知识管理过程应该包含以下环节：知识的识别与收集、挖掘与存储、传播与共享、使用与创新、评估与淘汰等。企业知识在这样的一个链条中不断地得到提升与增值。

（1）识别与收集（identify and ingather）：是企业中的知识管理者根据环境变化、战略规划分析出对知识类别的需要，并收集存于企业内部与外部的知识资源的活动。

（2）挖掘与存储（mine and store）：是对知识资源进行整理、分类、挖掘等知识增值活动，并对加工后的知识以一定形式保存在企业内部，便于知识的传播、共享和使用的活动过程。

（3）传播与共享（spread and partake）：是知识在员工之间、员工与群体、群体之间的流动，知识在流动得到了分享，进而提升了知识价值边际递增效应的过程。

（4）使用与创新（employ and innovate）：是将所获取的知识应用到工作流程中、决策过程中，知识发挥其效用进而提升个人能力与企业核心竞争力的过程。知识在传播、共享和使用中，知识间相互碰撞又会产生边缘知识或者价值更高的知识，知识得到创新。

（5）评估与淘汰（evaluate and wash out）：对企业知识进行评价反馈，帮助企业更好地进行知识活动，对不再能够满足企业发展需要的知识进行淘汰，以保持知识更新。

企业知识管理活动不仅在于对上述价值链条中的各个环节进行管理，而且在于优化各个环节之间的关联，加快知识的流动与转化速度，使知识成为企业永不枯竭的资源。

3. 成员企业知识的转化

成员企业的两类知识：显性知识和隐性知识在不断地发生着如下的相互转化。

（1）社会化（socialization）：从隐性知识到隐性知识。社会化过程主要是通过观察、对话和不断实践等，使得难以表达的技能、经验、心智模式等隐性知识在企业不同层次知识主体内部之间交流与共享，从而实现从隐性知识到隐性知识的转化。

（2）外部化（exterior）：从隐性知识到显性知识。外部化过程主要是通过图表、概念和模型等方式，将企业不同层次知识主体所拥有的隐性知识清晰地表达出来，从而实现隐性知识到显性知识的转化。

（3）综合化（synthesize）：从显性知识到显性知识。综合化过程主要是通过整理、分类和综合等方式，把分散的、不系统的显性知识进一步组合化、规范化，从而实现显性知识到显性知识的系统化转换。

（4）内部化（interior）：从显性知识到隐性知识。内部化过程主要是通过学习和练习等方式，将各种相关的企业显性知识进一步升华，内化为新的、更高级的隐性知识，从而实现显性知识到隐性知识的转化。

企业知识的 4 种转化过程是一个不断螺旋上升的连续过程和统一整体。

4. 成员企业知识管理的支撑要素

虚拟企业中各成员企业知识管理需要有相应的技术、组织结构和文化氛围的支持。

（1）技术支持。知识管理的各项活动与各种功能需要相应的知识管理技术来实现，它既是知识管理的基础，也是实现知识管理的强大推动力，支持技术即包括完善的基础网络设施也包括必要的知识管理软件。基础网络设施需要以计算机技术和网络技术来搭建，文件管理、决策支持、数据挖掘、在线分析处理、协同工作管理、知识目录及其搜索导航等即需要基础网络设施的支持，又需要相应的知识管理软件来运作。

（2）组织结构。知识管理需要企业建立柔性的、反应快捷的扁平式知识型企业组织结构，鼓励员工之间知识的交流与共享，使知识以最短的距离直接传输给企业的各个层次。

（3）文化氛围。知识管理需要根植于良好的知识交流的氛围和知识共享的文化土壤中，企业文化能积极倡导员工学习和鼓励知识共享，企业能建立鼓励知识共享与组织学习的制度。

（二）企业间网络知识管理

虚拟企业网络知识是成员企业之间合作的产物，是企业与企业之间的集体知识，主要通过知识的重组、知识的整合、知识的激活等来实现。

1. 企业间网络知识管理活动

（1）知识重组（recombine）：是在知识扩散的基础上形成企业间网络知识的互动过程。通过成员企业的合作，使知识在虚拟企业成员企业间进行传播，进而将成员企业间知识进行重组，有效地拓展新知识。

（2）知识整合（conformity）：是虚拟企业成员企业优势知识的互补、叠加和延伸。知识整合的前提是成员企业发展的各自专门知识及企业知识间存在着互补性，通过知识在各成员企业之间的交流和延伸，使不同主体、多种来源和不同功用的知识相互结合，进而综合成为系统性知识。

（3）知识激活（activation）：指通过成员企业合作来促进知识的彼此相互交流和分享，从而增加成员企业知识相互间碰撞的机会，进而产生边缘知识或者价值更高的知识。

（4）知识传播与共享（spread and partake）：依托网络信息技术平台，企业的知识资源在成员企业间的扩散与传播，发挥知识的扩散效应，提高虚拟企业知识水平，从而提升虚拟企业整体的竞争优势。

成员企业网络间的知识重组、知识整合和知识激活，是建立在企业网络间知识的传播和共享的基础之上。知识的传播和共享是虚拟企业知识管理的核心。

2. 企业间网络知识管理的支撑要素

（1）技术平台。虚拟企业以信息网络为技术支撑、以信息工程联网为硬件基础、通过 EDI、Internet 等信息网络手段建立动态联盟。成员企业间的信息传递、知识传播与业务往来需要通过信息网络来完成。可靠安全的技术是知识在虚拟企业传播和共享的保障。

（2）组织规划。如前所述，虚拟企业是一种学习型动态联盟组织，是若干企业基于 Internet 为标志的网络通信技术将各自的核心知识进行有机集成，旨在学习和掌握合作伙伴的知识技能和能力，且与合作伙伴共同创造新知识的动态联盟过程。这种学习型的联盟组织和动态分布式的虚拟联合结构构成知识扩散和转移的支撑要素之一。

（3）联盟文化管理。虚拟企业把各成员企业以契约、合作等形式联盟在一起，伴随着外来企业文化的输入和冲击，可能在虚拟企业中产生文化的冲突。所以虚拟企业的文化塑造要注重包容性，要积极培育融洽平等的伙伴关系。成员企业应重塑企业文化，共同构筑企业形象和企业行为，在竞争中坚持互利互惠的合作共存关系，从而有利于虚拟企业整体核心竞争力的打造。

第三节 基于学习型动态联盟虚拟企业知识管理模型[①]

为了使知识管理得以成功地实施，虚拟企业需要建立一个知识管理框

---

① 参见葛新权、周秀玲：《基于学习型联盟的虚拟企业知识管理模型》，载《科技管理研究》，2008年第10期。

架，它是一个以各成员企业的知识管理模型为基础，利用先进的信息技术和管理技术搭建起来的网络框架。促进各成员企业之间的知识共享和知识互动，通过成员企业之间的循环学习，提高虚拟企业整体以及各成员企业的竞争力。

虚拟企业知识管理框架具有分布式的特点，它以成员企业知识管理框架为基础，是成员企业知识管理框架通过 Internet 以及其他途径的集成，具有开放性、可伸缩性和可重构性的特征。

一、成员企业的知识管理模型

成员企业的知识管理模型构成了虚拟企业知识管理模型的基础，成员企业的知识管理模型既能独立运作又能与其他成员企业的知识管理模型协调工作。

从系统论的观点出发，基于上述对成员企业的知识管理者构成要素、各子系统、各种知识活动及复杂的相互作用关系的分析与综合，我们可以构建起成员企业的知识管理模型，如图 7－4 所示。

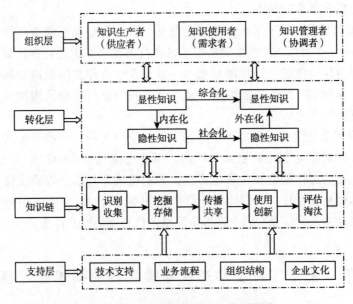

图 7－4 成员企业的知识管理模型

成员企业知识管理框架由四大部分构成：知识管理组织层、知识管理活动层（包括知识价值链）、知识转化层以及知识管理支撑层。

（一）知识管理组织层

组织层中的知识生产者是组织内掌握了某些方面知识的人员，他们用所拥有的知识来换取声誉和地位等；知识使用者是那些为了解决问题而寻找知识的员工，所寻找的知识能帮助他们更有效地完成任务，或者提高他们的判断力和技能；知识管理者负责对企业内外部知识的管理，知识管理者的主要职责是：理解企业的知识需求；造就促进学习、积累知识和知识共享的环境；监督确保知识库内容的更新；保证知识库设施的正常运行；加强知识集成和创新等。

（二）知识价值链

知识管理活动层包括知识形成价值链和知识不同类型的转化。其中知识价值链是形成知识的过程，是知识转化的基础，知识转化是形成新知识和更高价值知识的过程。

知识通过识别与收集、挖掘与存储、传播与共享、使用与创新、评估与淘汰这一价值链循环过程来周密、高效地形成。

（三）知识转化层

新知识和更高价值知识通过显性知识与隐性知识之间社会化、外部化、综合化、内部化的转化不断地被创造出来，使企业的知识库不断地得到充实和更新。

（四）知识管理支持层

成员企业知识管理需要有技术支持、组织结构和文化氛围等平台的搭建，还需要融入企业业务流程的重组，将知识创造、交流与使用同企业的业务流程结合起来，会产生巨大的价值。

二、虚拟企业间网络知识管理模型

虚拟企业需要从全局角度来综合各个知识领域，调动各成员企业的知识储备来抓住市场机遇，解决运营问题。这就需要搭建一个各成员企业实现知识交流、相互学习的平台，建设以虚拟企业的知识仓库为中心的知识管理系统，形成学习型动态虚拟组织结构，完成知识联盟。我们可以构建虚拟企业知识管理模型，如图 7 – 5 所示。

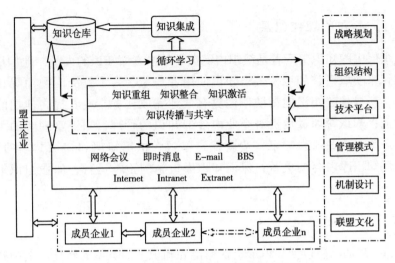

图 7 – 5　虚拟企业间网络知识管理模型

（一）　虚拟企业间网络知识管理流程

　　各成员企业已经建立了各自的知识管理系统，在此基础上，各成员企业之间既可以直接沟通和学习，也可以通过 Internet/Intranet/Extranet 平台以网络会议、即时消息、BBS E-mail 等形式进行交流。知识经过各成员企业之间的传播与共享，进行知识的重组、知识整合与知识激活，产生边缘知识、新的知识，提升知识的附加值，通过不断的循环学习、组织、集成、整合后变成知识仓库。知识仓库是学习型联盟虚拟企业成员共同的财富，是知识创新的源泉。在这一知识传播和共享的过程中，虚拟企业的中心企业（与成员企业相对应，称之为盟主企业）担负的是知识管理系统和知识仓库的管理，要对所产生的知识进行评估；实现知识的有序化，方便检索，加快知识的流动；进行产权保护，解决平衡知识资源的收益问题；并努力培育鼓励创造知识、分享知识的良好环境。

（二）　虚拟企业间网络知识管理外围环境

　　上述学习型联盟虚拟企业的网络知识管理框架和管理流程是建立在外围环境要素基础上的，这些外围环境要素包括：基于信息技术、网络技术的技术平台，使各成员企业的知识通过技术平台得以交流和共享；扁平化、网络化的知识型组织结构，使知识在成员企业间得以顺利传播；建立在成员企业诚实和信任基础上的包容的联盟文化，使成员企业之间得以顺畅沟通；知识传播与共享机制的设计，激励成员企业的知识交流与创新，使知识在成员企业间得以扩散、激活，产生新的知识；基于业务外包、协同运作的业务模式，使得各成员企业的专门知识得以整合，从而提升虚拟企业的整体竞争力。

总之，虚拟企业作为一种企业间的动态联盟组织形式，从联盟的主要要素、组织结构、联盟意图来分析，本质上是一种学习型动态联盟的组织。作为知识密集型组织、网络化学习型组织、其智力资产和有效协同运行都需要知识管理模式。虚拟企业的知识管理包括成员企业的知识管理和成员企业之间的网络知识管理，具有二维属性；对成员企业的知识管理要素、知识活动等的分析与综合，构建起成员企业的知识管理框架模；在此基础上，构建出围绕知识仓库的建立，促进知识的学习与集成为主要活动的虚拟企业知识管理模型，适应了知识经济对虚拟企业管理模式的挑战，提升了虚拟企业整体的核心竞争力。

第四节　组合知识管理对策对企业绩效影响的互补原理分析①

知识管理策略对企业绩效具有重要的影响作用。针对影响企业绩效的不同知识管理策略间存在互补性的特点，根据互补理论和超模函数的特征，构造了一类超模函数，定量分析了组合知识管理策略对企业绩效的互补影响作用，并通过实证检验了该理论和方法的有效性及实用性，为企业决策者分析企业绩效的影响因素提供了参考。

一、引言

近年来，知识管理对企业获得和保持强势竞争起着关键的作用，因此，如何准确地评价知识管理策略对企业绩效的影响，对于企业有效地实施知识管理的细则过程，找出影响企业绩效提高的因素并及时采取应对的措施，具有非常重要的意义。

目前，有关知识管理绩效的评价分析研究已引起了足够的重视，如在分析知识管理目标的基础上，用 AHP 和模糊数学的方法对知识管理绩效进行了评价；将 DEA 方法用于对知识管理绩效的评价；通过对知识产品、流程和绩效之间关系的研究，来探讨了企业知识管理绩效的问题；从企业知识存量的多层次灰色关联分析对企业知识管理进行了评价；采用平衡计分卡的方法对企业的知识管理进行了评估；从客户知识管理的角度探讨了企业绩效评估的问题；从知识的

---

① 参见田肇云、葛新权：《组合知识管理策略对企业绩效影响的互补原理分析》，载《统计与决策》，2008 年第 18 期。

呈现度（显形知识和隐性知识）来讨论了知识管理策略对企业绩效的回归影响作用。所有这些成果各具特色，对发展或完善知识管理绩效的研究起到了推动的作用。这里从知识管理策略的两个维度，即知识的呈现度和知识的来源途径（内部知识与外部知识）两方面，应用研究经济管理问题的互补原理方法来探讨组合知识管理策略对企业绩效的影响作用。

二、互补原理与超模类函数

互补原理（complementarity theory）最早是由埃奇沃斯（Edgeworth）（1881）提出，主要用于对经济问题的分析。近年来，米尔格罗姆（Milgrom）和罗伯茨（Roberts）利用该理论对现代制造业的经营状况进行了研究，发现成功企业的运作具有产品价格低，产品更新快，订货周期短和低次品率等特点，他们通过对相关数据的分析发现，这些要素之间存在着互补相关性，即对这些要素一同进行改进提高所获的收益远大于它们各自单独改进所获得的收益之和。

知识因呈现的方式、存储的地点、抽象程度及利用的目的不同而呈现出不同的形态，因此对知识进行分类策略管理，可让管理者了解各类知识对企业绩效的影响程度。在知识管理策略中，从知识的呈现度可将知识分为显性知识和隐性知识两大类。显性知识是指可以用文字、数字、图形或其他象征物（如手册、书本和程序）清楚表达的知识，即可定义、可获取的知识，而且沟通容易；隐性知识是指高度个性化，难以正式化，只可意会不能言传，而且深植在个人的经验、判断、联想、创意和潜意识的心智模式内的知识。从知识的来源可将知识分为内部知识和外部知识两大途径。内部知识是指在企业内部学习和共享的知识；而外部知识是指从企业外部获取、模仿或转移的知识。不同类的知识管理策略对企业绩效的影响作用是不一样的，有部分学者从实证的角度探讨了单一类的知识管理策略对企业绩效的影响，我们则根据互补原理，从理论和实证两方面来研究组合知识管理策略对企业绩效的互补影响作用。

互补原理的具体实现是建立在构造一类超模函数基础之上的。超模函数是一类定义在格空间上的函数，它对于函数的连续性和可导性没有限定。通过分析发现，超模函数对于参数的互补性具有很好的表征特性，符合互补原理的构造思想。

定义1：令 $f(x)$ 是一个实值函数，其定义域 X 为一个子格，$X \subseteq R^n$。如果对于 $\forall x, y \in X$，有下式成立

$$f(x \vee y) + f(x \wedge y) \leq f(x) + f(y) \tag{7-1}$$

则称 f 是超模函数（supermodular function）。

这里的 $x \vee y$ 表示 $\{\max(x_1 \vee y_1), \cdots, \max(x_n \vee y_n)\}$；$x \wedge y$ 表示 $\{\min(x_1 \wedge y_1), \cdots, \min(x_n \wedge y_n)\}$。

可将超模函数式（1）变形得下式：

$$f(x \vee y) - f(x \wedge y) \geq [f(x) - f(x \wedge y)] + [f(y) - f(x \wedge y)] \qquad (7-2)$$

若 f 是一个增函数，式（2）表示当同时增加所选变量的取值，函数由 $x \wedge y$ 增加到 $x \vee y$ 的输出大于等于各个变量单独从 $x \wedge y$ 增加到 x，y 的输出之和。可见，超模函数可以说明参数互补相关性中增益型的特征，即决策参数最佳组合的输出大于各自（或子集）输出之和，如某些生产函数。

三、组合知识管理策略对企业绩效的互补影响分析

为了分析组合知识管理策略对企业绩效的贡献和影响，下面分两步进行。首先给出各类知识管理策略的代表性指标；然后定量分析这些指标及其组合对企业绩效的互补影响作用。

（一）代表性指标量

知识管理是企业识别自己拥有的知识，并对其加以整理、转移和管理，以便有效地利用，获取竞争优势的过程。为了具体分析各类知识管理策略对企业绩效的影响程度，下面给出各类知识管理策略及评价企业绩效的代表性指标，通过对这些指标的量化分析来揭示知识管理策略对企业绩效的影响作用。各类知识管理策略的指标可按其定义及实施的方法给出，而评价企业绩效的指标则根据平衡记分卡法给出（见表7-1）。

表7-1　　　　　　　　　　　代表性指标量

显性知识	·可编码化的知识 ·文件、手册 ·共享的资料库	隐性知识	·与同事合作 ·与专家面对面交谈 ·个别辅导
外部知识	·从客户处获取 ·从分析竞争对手中获取 ·通过外部咨询获取 ·通过联盟与合作获取	内部知识	·个人知识 ·数据库 ·工作流程和支持系统 ·制度、管理模式和企业文化等知识
企业绩效	·财务　　　·客户		·内部流程　　·学习与成长

(二) 企业绩效的互补量化分析

根据前面的论述，各类知识管理策略的不同组合对企业绩效的互补影响可用超模函数来表示。依照超模函数的定义和特征，这里借鉴数据挖掘领域里，关联分析中"可信度"概念的思想，用条件概率来构造一类随机函数用以描述组合知识管理策略对企业绩效的互补影响，即

$$f(x_1,x_2) = P(y|x_1,x_2) = \frac{P(x_1 \cup x_2 \cup y)}{P(x_1 \cup x_2)} \qquad (7-3)$$

这里的 y 表示企业绩效，x_1 和 x_2 分别表示两种不同的知识管理策略，其取值分显著（$x_1 = h_x$，$x_2 = h_x$）和不显著（$x_1 = l_x$，$x_2 = l_x$）两种情形，按照它们的不同组合，来测定出组合知识管理策略对企业绩效的影响程度（见表 7-2）。

表 7-2 企业绩效函数的表征形式

绩效超函数 $f(x_1,x_2)$	条件概率 $P(y|x_1,x_2)$	描 述
$f(x_1 \vee x_2)$	$P(y|x_1 = hx, x_2 = hx)$	同时采用两种显著的知识管理策略对企业绩效影响的概率值
$f(x_1)$	$P(y|x_1 = hx, x_2 = lx)$	只采用一种显著的知识管理策略对企业绩效影响的概率值
$f(x_2)$	$P(y|x_1 = lx, x_2 = hx)$	
$f(x_1 \wedge x_2)$	$P(y|x_1 = lx, x_2 = lx)$	没有采取任何显著的知识管理策略，企业绩效的概率值

对于各类知识管理策略显著与不显著的情形是根据表 7-1 中指标的量化值，利用聚类分析方法中的沃兹（Ward's）分类法，来计算出这两种情形的重心值。

四、实证分析

数据的收集是在国内 40 多家重视知识管理，成长性较好的上市公司内进行的，请这些公司里与知识管理有关的中高层管理人员围绕表 7-1 中的 18 个指标从"非常差"到"非常好"进行评分，评分采用 5 级量表的形式。本次调查采用网上问卷的调查形式，共发放 300 份问卷，有效回收 102 份，有效回收率为 34%。

这里利用最常用的检验数据可信度的方法——克朗巴哈 α 系数法检验了所收集数据的可信度。检验的结果是三个维度（知识的呈现度，知识的来源途径和企业绩效）的克朗巴哈 α 值分别为 0.76，0.81 和 0.72，都在可接受的信度范围之内。

根据 Ward's 分类法，下面给出各种知识管理策略显著和不显著两种情形重心值的聚类结果（见表 7-3）。

表 7-3　　　　　　　　　　　　　聚类分析结果

分　类		显　著	不显著
知识的呈现度	显性知识（样本数）	3.62 (47)	2.71 (55)
	隐性知识（样本数）	3.05 (64)	1.97 (38)
知识的来源途径	外部知识（样本数）	4.48 (59)	2.26 (43)
	内部知识（样本数）	3.92 (32)	2.14 (70)
组合知识管理策略	内部知识与隐性知识组合（样本数）	3.78 (69)	3.02 (33)
	外部知识与显性知识组合（样本数）	3.53 (73)	2.41 (29)
	内部知识与显性知识组合（样本数）	3.11 (62)	2.53 (40)
	外部知识与隐性知识组合（样本数）	3.47 (57)	2.33 (45)

按照企业绩效的超模类函数计算公式（7-3），可得出知识管理策略的不同组合对企业绩效影响的概率值（见表 7-4）。

表 7-4　　　　　　　知识管理策略对企业绩效影响的概率值

知识管理策略		$P(y|x_1=lx,x_2=lx)$	$P(y|x_1=hx,x_2=lx)$	$P(y|x_1=lx,x_2=hx)$	$P(y|x_1=hx,x_2=hx)$
知识的呈现度（x_1-显，x_2-隐）		0.43	0.69	0.48	0.75
知识的来源途径（x_1-内，x_2-外）		0.38	0.64	0.51	0.82
组合知识管理策略	（x_1-外/显 x_2-内/隐）	0.49	0.56	0.72	0.91
	（x_1-外/隐 x_2-内/显）	0.53	0.47	0.56	0.87

从表7－4中的数据结果可看出：除了外部/隐性和内部/显性这两种组合对企业绩效的互补影响作用较弱外，其他知识管理策略的不同组合均对企业绩效显示出较强的互补影响作用。

五、结论

根据不同知识管理策略间对企业绩效存在互补影响的特点，利用互补原理和超模函数的特征，构造了一类超模函数来定量分析了组合知识管理策略对企业绩效的互补影响作用，并以实证分析表明当采用组合的知识管理策略时，其企业绩效明显高于单一的知识管理策略，这为企业管理者和决策者分析企业绩效的影响因素提供了重要的参考依据。

第五节　动态联盟知识共享与合作的决策分析[①]

知识的共享与合作是动态联盟成员合作过程中的重要方面。本章利用博弈论中逆向归纳法的思想，分3个阶段定量分析比较了联盟成员的知识共享率问题。通过研究发现：在纳升（Nash）均衡条件下，合作情形下的知识共享率大于非合作情形下的知识共享率，这为动态联盟的知识共享与合作提供了一条有价值的运作策略。

一、引言

动态联盟是指企业为了赢得某一机遇性市场，寻找其他互补合作的企业或部门，组成一个经营实体，即动态联盟（也称作虚拟企业）。该实体的寿命周期取决于产品的市场机遇，如果机遇一旦消失，它即解体。这是一种多变的、动态的企业组织形式。

从知识管理的角度来看，联盟成员的合作过程实际上就是知识共享的过程，知识共享的程度直接影响联盟运作的效率。正如巴达拉科（Badaracco）所说：企业间的隐性知识无法通过市场交易来获得，而必须通过联盟合作的方式。因此，研究动态联盟成员间的知识共享问题无论是对提高联盟的整体运作效率，还是对其成员谋求进一步发展都具有非常重要的意义。

---

① 参见田肇云、葛新权：《动态联盟知识共享与合作的决策分析》，载《工业技术经济》，2007年第4期。

目前，有关动态联盟（或虚拟企业）知识共享的研究大多是从知识共享与合作的机制框架、合作的特征和影响因素等方面来分析的，而对于联盟成员共享合作的收益、知识共享率等问题的研究尚不多见。国内陈菊红等人采用博弈论中囚徒困境的模式初步探讨了虚拟企业知识共享的合作收益问题，而本章是从博弈论中逆向归纳法（backwards induction）的思想，首先利用科诺特（Cournot）模型求出动态联盟知识共享的纳升均衡收益，然后分非合作和合作两种情形，定量比较分析了联盟成员的知识共享率问题。通过研究发现：在纳升均衡条件下，合作情形下的知识共享率大于非合作情形下的知识共享率，这为动态联盟的知识共享与合作提供了一条非常有价值的运作策略。

二、基于逆向归纳法知识共享与合作的决策模型

假设所研究的动态联盟的成员只有两个：盟员 A 和盟员 B，按照科恩等人的观点，盟员 A、B 现有的知识存储量（S^A、S^B）可分别表示为：

$$S^A = I^A + \alpha^A(I^A, k)\lambda^B I^B$$
$$S^B = I^B + \alpha^B(I^B, k)\lambda^A I^A$$

其中 I^A 和 I^B 分别表示盟员 A、B 为获取知识所付出的投入成本；α^A、α^B 表示盟员 A、B 在动态联盟合作过程中对新知识的吸收率，其取值范围为 $0 \le \alpha^A$，$\alpha^B \le 1$；k 表示盟员 A、B 间的知识互补性，设为 $0 \le k \le 1$；λ^A、λ^B 表示盟员 A、B 在知识共享与合作过程中对知识的共享率，$0 \le \lambda^A$，$\lambda^B \le 1$。一般来说，对知识投入的成本越大，吸收率越高，即 $\frac{\partial \alpha}{\partial I} > 0$；而知识的互补性越大，越难吸收，即 $\frac{\partial \alpha}{\partial k} < 0$。

基于博弈分析中的逆向归纳法，动态联盟知识共享与合作的决策过程可分为两个阶段进行：第一个阶段，盟员 A、B 确定各自的知识共享率（分非合作和合作两种情形）；第二个阶段，盟员 A、B 根据各自收益最大化的原则，利用科诺特模型求出纳升均衡点和均衡收益。在这个过程中，知识的共享率是通过纳升均衡收益来确定的，因此，这也正是"逆向归纳法"的内涵所在。

（一）知识共享的纳升均衡收益

设联盟成员 A、B 合作开发的新产品的收益分别为 π^A 和 π^B，联盟成员既合作又竞争，盟员各方的产量只有在纳升均衡点，获得均衡收益，才能达到各自利益的最大化。下面根据科诺特模型导出纳升均衡点和均衡收益。

$$\pi^A = q^A [P - C^A (S^A)] - sc(\lambda^A)$$
$$\pi^B = q^B [P - C^B (S^B)] - sc(\lambda^B)$$

这里的 q^A、q^B 分别表示盟员 A、B 收益产品的产量，P 为市场出清的价格，它是关于市场总产量的函数，即 $P = a - b(q^A + q^B)$，其中 a、b 是均大于零的实数，并且 a 是一个较大的正数；$C^A (S^A)$、$C^B (S^B)$ 分别表示新产品的边际成本，它随盟员知识存储量的增加而减少，当知识存储量增加到一定程度时，边际成本将递减至一固定值；$sc(\lambda^A)$、$sc(\lambda^B)$ 为动态联盟知识共享的合作成本，一般来说，经过艰苦积累才获得知识的拥有者不愿意轻易与他人共享知识，以免这些知识很快被淘汰，因此，动态联盟组织应投资建立一套完善的合作机制以保证知识共享的效果和盟员各方的利益。

按照科诺特模型，要使盟员 A、B 的收益（π^A、π^B）最大化，只需要令 $\frac{\partial \pi^A}{\partial q^A} = 0$，$\frac{\partial \pi^B}{\partial q^B} = 0$。因此，盟员 A、B 的纳升均衡点和均衡收益分别为：

$$q^{A*} = \frac{1}{3b} (a - 2C^A + C^B)$$

$$q^{B*} = \frac{1}{3b} (a - 2C^B + C^A)$$

$$\pi^{A*} = \frac{1}{9b} (a - 2C^A + C^B)^2$$

$$\pi^{B*} = \frac{1}{9b} (a - 2C^B + C^A)^2$$

（二）非合作情形下的知识共享率

基于纳升均衡收益（π^{A*}、π^{B*}），假设盟员 A、B 单方面决策的知识共享率分别为 λ^A_{NC}、λ^B_{NC}，根据各自利益最大化的原则，可求得非合作情形下的最优知识共享率。下面设

$$\psi^A_{NC} (S^A_{NC}) = \pi^{A*} (S^A_{NC}) - sc(\lambda^A_{NC})$$

$$\psi^B_{NC} (S^B_{NC}) = \pi^{B*} (S^B_{NC}) - sc(\lambda^B_{NC})$$

其中，S^A_{NC}、S^B_{NC} 分别为：$S^A_{NC} = I^A + \alpha^A (I^A , k) \lambda^A_{NC} I^B$，$S^B_{NC} = I^B + \alpha^B (I^B , k) \lambda^B_{NC} I^A$

只要令 $\frac{\partial \psi^A_{NC}}{\partial \lambda^A_{NC}} = 0$、$\frac{\partial \psi^B_{NC}}{\partial \lambda^B_{NC}} = 0$，即可求得盟员 A、B 非合作情形下的最优知识共享率 λ^{A*}_{NC}、λ^{B*}_{NC}。

（三）合作情形下的知识共享率

假设盟员 A、B 不再是单独决策自身的知识共享率，而是充分合作，联合商讨出一致的知识共享率 λ_C。在这种情形下，盟员 A、B 的收益可表示为：

$$\psi_C^A(S_C^A) = \pi^{A^*}(S_C^A) - sc(\lambda_C)$$
$$\psi_C^B(S_C^B) = \pi^{B^*}(S_C^B) - sc(\lambda_C)$$

这里的 S_C^A、S_C^B 又分别为：$S_C^A = I^A + \alpha^A(I^A, k)\lambda_C I^B$，$S_C^B = I^B + \alpha^B(I^B, k)\lambda_C I^A$。

另外，由于均衡收益 $\pi^{A^*}(S_C^A)$、$\pi^{B^*}(S_C^B)$ 具有对称的形式，因而根据纳升均衡理论，可使盟员 A、B 的知识投入成本 $I^{A^*} = I^{B^*} = I$。进一步，根据盟员 A、B 合作情形下利益最大化的原则，即可求得合作情形下的最优知识共享率 λ_C^*。

同理，非合作情形下的最优知识共享率也有 $\lambda_{NC}^{A^*} = \lambda_{NC}^{B^*} = \lambda_{NC}^*$。

（四）两种情形知识共享率的比较

对于一般的情形，非合作的知识共享率与合作的知识共享率还无法比较，但是在纳升均衡条件下，后者大于前者，即 $\lambda_C^* > \lambda_{NC}^*$，下面给出此结论的证明过程。

由于 $\lambda_{NC}^{A^*}$、$\lambda_{NC}^{B^*}$ 是盟员 A、B 非合作情形下的最优知识共享率，因此对盟员 A 来说，它在非合作下的均衡收益有 $\psi^A(\lambda_{NC}^*, \lambda_{NC}^*, k) \geqslant \psi^A(\lambda_C^*, \lambda_{NC}^*, k)$；同样，在合作情形下的均衡收益有 $\psi^A(\lambda_C^*, \lambda_C^*, k) \geqslant \psi^A(\lambda_{NC}^*, \lambda_{NC}^*, k)$。因而

$$\psi^A(\lambda_C^*, \lambda_C^*, k) \geqslant \psi^A(\lambda_C^*, \lambda_{NC}^*, k)$$

为了证明 $\lambda_C^* > \lambda_{NC}^*$ 成立，只需要证明对于任意的 $\lambda^B \in (\lambda_{NC}^*, \lambda_C^*)$，$\dfrac{\partial \psi^A}{\partial \lambda^B} > 0$ 成立。由于

$$\frac{\partial \psi^A}{\partial \lambda^B} = \frac{\partial \pi^{A^*}}{\partial S^A} \frac{dS^A}{d\lambda^B} = \frac{\partial \pi^{A^*}}{\partial S^A} \alpha^A I^B = \pi^{B^*} \alpha^A I = -\frac{4}{9b}(a - 2C^A + C^B)\frac{dC^A}{dS^A} \alpha^A I^A$$

这里的 $\dfrac{dC^A}{dS^A} < 0$，因而对于较大的常数 a，只要 $a - 2C^A + C^B > 0$，即有 $\dfrac{\partial \psi^A}{\partial \lambda^B} > 0$ 成立。

动态联盟的根本目的是为了追求盟员各自利益的最大化，由于联盟成员的收益（π）随其知识量（S）的增加而增加，而知识量（S）又与其知识共享率（λ）成正比，因此，合作情形下的知识共享率大于非合作情形下的知识共享率，这个结论为动态联盟知识共享与合作的运作提供了一条非常有价值的运作策略。

三、结论

动态联盟的合作过程实际上就是知识共享的过程。我们根据博弈论中逆向归纳法的思想，首先利用科诺特模型求出动态联盟知识共享的纳升均衡收益，然后分非合作和合作两种情形，定量比较分析了联盟成员的知识共享率问题。通过研究发现：在纳升均衡条件下，合作情形下的知识共享率大于非合作情形下的知识共享率。这为动态联盟知识共享与合作的运作指明了方向。但是，我们研究的基础是基于对称形式下的均衡收益，未来的工作可以扩展至非对称的情形。另外，这里仅讨论了一次博弈的知识共享率问题，今后的研究可针对重复博弈的过程。

第六节 基于粗糙集理论构建企业知识管理成熟度模型

基于相关文献分析，结合近几年国内知识管理成熟度模型的研究现状，在粗糙集理论基础上建立比较有效地企业知识管理成熟度模型，以评估企业的知识管理情况，发现知识管理全过程中的不足及其原因，进而改进、完善与提升企业的知识管理实施质量、水平与效果，最终提高企业运营效率与效益。

一、知识管理成熟度研究现状

（一）知识管理成熟度的定义

根据相关文献，企业知识管理成熟度是指企业开发、实施知识管理项目的过程相关的定义、管理、测量、控制的有效程度。随着企业对知识资本及其作用重要性的认识提高，知识管理在国内企业中日益重要，如何有效地进行知识管理，怎样进行科学合理地评价知识管理，如何利用标准进行知识管理，从而成为每一个企业亟待解决的问题。企业知识管理成熟度就是在此基础上提出的，其主要目的是引导、评估企业知识管理水平，发现问题，实现持续改进。

（二）知识管理成熟度测评模型国内外研究现状

成熟度模型，据相关文献最早可能溯源于 SEI 的软件能力成熟度模型，如今，国外一些公司和研究机构已经在知识管理领域做了很多有效尝试，如美国生产力与质量中心（APQC）的"知识管理评估方法"、微软公司（Microsoft）

的"知识管理综合理论"、安达信公司（arthurandersen）的"知识管理评估工具"以及西门子公司（siemens）"KMMM 发展模型"等。但值得一提的是，国外的评估工具未必适用于国内企业，在知识管理方面，尤为如此。

国内知识管理的评估研究和知识管理成熟度模型研究起步较晚，适合企业使用的工具与模型不多，目前在国内实际应用知识管理工具与模型的企业有深圳蓝凌公司、中国运载火箭技术研究院、中粮集团、华为、阿里巴巴、东软公司、宝钢、远东控股集团、用友、中兴通讯等 10 家。深圳蓝凌公司的知识管理模型 KM3 的依据和基础是其提出的"知识之轮"理论，即任何组织中的知识都符合知识"沉淀""共享""学习""应用""创新"等运转环节，这些知识运转环节组合成一个螺旋上升的闭环。其他公司各有各的知识管理模型，并发挥了积极不可替代的作用。

二、粗糙集理论介绍

（一）粗糙集理论的主要内容

根据一般描述，粗糙集理论作为一种数据分析处理理论，是 1982 年由波兰科学家 Z. 帕拉克（Z. PAwlAk）创立的。该理论核心内容是对有关知识、集合的划分、近似等。

粗糙集理论是建立在分类机制的基础上的，它将知识理解为对数据（全集）的划分，这个划分由若干不相交的集合组成，每一个集合称为概念。可见该理论将分类理解为在特定空间上的等价关系，而等价关系构成了对该空间的划分。也就是说，该理论主要思想是利用已知的知识库，将不精确或不确定的知识用已知的知识库中的知识来（近似）刻画。

（二）粗糙集理论的应用范围

根据相关文献，粗糙集理论作为一种处理不精确、不一致、不完整等各种不完备的信息有效的工具，一方面其数学基础成熟、不需要先验知识；另一方面是其易用性。鉴于粗糙集理论是直接对数据进行分析和推理，从中发现隐含的知识，揭示潜在的规律，因此它也是一种天然的数据挖掘或者知识发现方法。在处理不确定性问题方面，与基于概率论的数据挖掘方法、基于模糊理论的数据挖掘方法和基于证据理论的数据挖掘方法等方法相比，粗糙集理论不需要提供问题所需处理的数据集合之外的任何先验知识，而且与处理其他不确定性问题的理论有很强的互补性，这是其最显著的优势。

（三）粗糙集理论对企业知识管理成熟度研究的意义

一般地，知识管理全过程中的很多内容都具有不确定性、难以定量分析等特性，而且很多内容无法寻找大量先验数据进行模拟或验证。而粗糙集理论的优势恰好适宜知识管理的特性，并能有效地发现新的知识，或者找其内在联系。因此，构建粗糙集模型具有重要的意义：一是为企业知识管理全过程活动提供一个全面清晰的评估标准，实现对知识管理的成熟度分级刻画；二是在知识管理项目实施前，以企业目前的知识管理成熟度为出发点，为当前急需解决的知识管理任务进行排序和优先设置，并找到知识管理实施的重点和步骤；三是找出企业知识管理全过程中的不足，并发现其内在的联系；四是引导和促进其知识管理能力水平的持续提升。

三、知识管理成熟度模型的构建

（一）知识管理的组成维度

依据相关文献，对知识管理内涵的深入分析，根据现有企业对知识管理的认识程度，这是构建的知识管理模型以张鹏，延党忠所设的 6 个维度为基础，进行了相应调整和改进。各个维度的内涵描述如下：

第一，管理者维。各级管理者都是企业进行知识管理的领军人物，高层管理者对企业知识管理实施的导向和支持作用，中低层管理者对知识管理的贯彻力度及实施成败负有主要责任。

第二，员工维。员工是企业知识管理的基层实施者。员工的学习能力、自主学习和分享知识的意愿与行为都是决定企业知识管理项目实施成败的关键因素。

第三，流程维。知识管理流程是指知识获得、创造、蓄积、扩散的相关流程。只有设置合理的知识流程，才能有效地管理知识。无疑，知识流程应该与业务流程紧密结合。

第四，文化维。企业文化作为一种"软"的管理方式，体现的就是企业的核心价值观，文化不仅可以增强企业的群体凝聚力，而且文化对于其他几维产生很大的影响。

第五，技术维。知识管理的各种功能及服务最终还得依靠知识管理技术来实现。通过所采用的技术与工具，辅之于文化可以使企业知识管理的运作变得更有效率。

第六，知识维。知识管理的内容是组织的知识，即组织对所需和所创造的相关知识进行管理。没有知识，无从知识管理。因此，知识的内容及其广度与深度是企业知识管理中优先关注的要素。

（二）企业管理成熟度评价指标体系的建立

根据相关文献，有关企业管理成熟度评价指标体系建立情况见表7-5。

表7-5　　　　　　　　　企业管理成熟度评价指标体系

A 管理者维	A_1 高级管理者对知识管理认知和支持程度
	A_2 中底层管理者的配合程度
	A_3 各级管理者的知识管理能力
	A_4 各级管理者之间及管理者与员工间的有效授权
B 企业员工维	B_1 企业员工对知识管理的配合程度
	B_2 员工的知识学习能力
	B_3 员工间的信任程度和分享知识的意愿
C 企业文化维	C_1 有针对性地组织知识管理培训
	C_2 员工积极投身知识管理的表彰和奖励
	C_3 组织内部的沟通环境
	C_4 企业对创新和冒险的鼓励
	C_5 企业的知识管策略和业务策略的整合
D 知识管理流程维	D_1 企业的知识是否得到及时沉淀
	D_2 知识扩散分享的策略
	D_3 企业管理系统中的知识保护和使用情况
	D_4 知识管理流程的持续再造和改善能力
	D_5 企业的组织体系接近网络结构的程度
E 知识管理技术维	E_1 是否拥有知识管理相关系统及其效率
	E_2 各级员工的 IT 能力
	E_3 知识管理系统的持续改善能力
	E_4 知识管理系统的安全性
F 知识维	F_1 企业主要知识资产的数量和价值
	F_2 信息和知识的准确性和获得的及时性
	F_3 知识的编码化和系统化程度

（三）知识管理成熟度模型的构建

按照相关文献，粗糙集理论中的信息系统是一个四元组（U，Q，V，F）。

其中 U 是对象集合，Q 是属性集合（包括条件属性 Q_1 和决策属性 Q_2），V 是属性的值域，F 是一种映射，反应对象集合之间的值。根据这些属性及数据，可得到一个关于属性及值域的二维表。

在知识管理成熟度模型中，$Q = (A, B, C, D, E, F)$. $\{A_1, A_2, A_3, A_4\} \in A$；$\{B_1, B_2, B_3\} \in B$；$\{C_1, C_2, C_3, C_4, C_5\} \in C$；$\{D_1, D_2, D_3, D_4, D_5\} \in D$；$\{E_1, E_2, E_3, E_4\} \in E$；$\{F_1, F_2, F_3\} \in F$.

$V = VA_1 \cup VA_2 \cup VA_3 \cup VA_4 = \{0, 1, 2, 3, 4, 5\}$。各个值代表各个属性在企业中执行的不同程度。"0"代表不涉及该属性的操作，"1"代表有该属性的存在，但并未得到企业的关注，"2"代表企业有所关注，但并未采取措施督促或监控，"3"代表该属性企业已经着手进行，但认识不够到位，导致执行效果并不理想，"4"代表认识很彻底，但执行不彻底，"5"代表该属性已发挥作用，并对企业绩效有很强的影响力。

以 B_2 为例，员工若只是每天按部就班地工作，则值为 0；若员工自行开始学习工作相关内容，但企业并未要求，则为 1；若企业呼吁员工学习，但只是口号上，未制定有关学习的计划或方案，值为 2；若企业意识到了学习的重要性并制定了学习方案，但该方案只是对于各层管理者（显然不够全面），则值为 3；若企业制订了很全面的学习方案，但由于员工重视程度不够，执行不够彻底，值为 4；若整个企业学习方案缜密，员工充分发挥自身潜力进行学习，并有力推动了组织绩效的提高，则值为 5。

对于任何一个属性集合 P，不可分辨关系用 IND 表示，定义如下：

$IND(P) = \{(x, y) U \times U: F(x, A) = F(y, A), AP\}$，不可分辨关系就是 U 上的等价关系。基本集的定义为论域中相互间不可区分的对象组成的集合，是组成论域知识的颗粒。此模型中的基本集为 {无序，简单，规范，协作}。将各个属性最后的分值加和，值域为 0~120，一般来说，0~48 必属于无序集，60~72 属于简单集，84~96 为规范集，108~120 为协作集。而 49~60、73~83、97~107 可能是属于上一个集合，也可能分派到下一个集合更恰当。此时则需要进行上近似和下近似。

集合 X 关于 I 的下近似是由那些根据现有知识判断肯定属于 X 的对象所组成的最大集合，有时也称为 X 的正区（positiveregion），记作 POS(X)。集合 X 关于 I 的上近似是由所有与 X 相交非空的等效类 I(x) 的并集，是那些可能属于 X 的对象组成的最小集合。

（四）模型的进一步运用

通常，粗糙集是一种刻画不完整性和不确定性的数学工具，不仅能有效地分析不精确、不一致、不完整等各种不完备的信息，还可以对数据进行分析和推理，从中发现隐含的知识，揭示潜在的规律。

根据上述模型可以判别企业知识管理的成熟度，在判别之后，其成熟度便可以转换成为该模型的决策属性，即 Q_2。根据其条件属性与决策属性。企业对组织知识管理成熟度进行多次测量之后，可对多个二维数据表进行深度数据挖掘，一是可找出潜在的影响知识管理实施的原因；二是可以找出各个属性之间的相互联系，比如说员工的能力与企业文化氛围是否有直接联系等；三是可以根据数据对该模型进行修正与持续改进，或分配权重，再行计算其成熟度，尽可能接近精确。

四、模型的实施流程及不足

（一）企业知识管理成熟度模型实施的流程

根据相关文献，一般构建的知识管理成熟度模型基本的实施流程如图7－6所示，企业首先要定义本企业业务发展和知识管理的目标，确定企业组织利益相关者；然后识别本企业当前知识管理技术内容和流程的状态，利用成熟度模型确定组织知识管理的成熟度等级，进一步识别当前提升企业知识管理成熟度等级的关键流程并执行通过信息反馈。如果企业对本次升级结果满意则退出程序，如不满意则加入企业组织环境需求和利益相关者需求信息，重新确认成熟度等级目标后回到识别人流程技术和内容的状态，步骤进入下一循环。

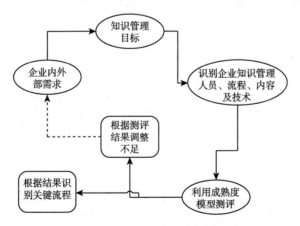

图7－6　知识管理成熟度模型基本的实施流程

（二）企业知识管理成熟度模型的优点及不足

可见，上述模型具有的优点：一是简洁直观，直接将模糊的语言转化为数值，再转化为二维表。二是对于模糊区域进行特别处理，避免分界过于果断造成的误差。三是直接运用测量表收集关键数据，方便快捷。四是内容具体全面，有利于企业管理者在知识管理全过程中参考执行，设定简而有效的目标或方案。该模型的不足是，对于边界的处理过于人为化，可能会造成不客观评价，所以应进一步改进，将边界有效量化，并根据其量化程度测评该模型的粗糙度及隶属函数。

参考文献

1. 曹兴、陈琦、彭耿：《企业知识管理绩效评估研究》，载《科技管理研究》，2006 年第 12 期。

2. 陈建军：《知识管理系统绩效评价研究》，载《情报杂志》，2007 年第 10 期。

3. 陈菊红、林聪：《虚拟企业知识共享的过程及其博弈分析》，载《情报杂志》，2005 年第 2 期。

4. 陈业华、曹菊菊、赵国超：《AMT 导向型企业隐性知识显性化》，载《科学决策》，2011 年第 9 期。

5. 陈晔武、朱文峰：《企业隐性知识的分类、转化及管理研究》，载《情报方法》，2005 年第 3 期。

6. 方永美、孙凌浩：《我国企业知识管理评估的 AHP 模糊综合评价》，载《华南农业大学学报（社会科学版）》，2005 年第 3 期。

7. 付二晴、蔡建峰：《基于能力知识管理水平的模糊评价》，载《情报科学》，2006 年第 5 期。

8. 付晶、李延晖、段钊：《企业员工隐性知识外部化过程中的博弈分析》，载《情报科学》，2011 年第 7 期。

9. 韩家炜：《数据挖掘：概念与技术》，机械工业出版社 2006 年版。

10. 韩水华：《基于 DEA 模型的制造企业信息化绩效研究》，第三届中国管理学年会，2008 年。

11. 何明芮、李永建：《基于分布式认知对隐性知识显性化的研究》，载《情报杂志》，2010 年第 8 期。

12. 贺金凤：《质量绩效评价模型与方法研究》，西北工业大学博士学位论文，2009 年。

13. 黄立军：《企业知识管理系统的评价方法》，载《情报理论与实践》，2002 年第 4 期。

14. 黄立军：《企业知识管理综合评价的数学模型》，载《运筹与管理》，2001 年第 12 期。

15. 贾俊平:《多元统计分析》,人民大学出版社 2005 年版。

16. 蒋翠清、叶春森、梁昌永:《知识循环过程的知识管理绩效评估》,载《哈尔滨工业大学学报》,2009 年第 6 期。

17. 蒋翠清、叶春森、杨善林:《组织知识管理绩效评估研究法》,载《科学学研究》,2007 年第 4 期。

18. 蓝红兵、费奇:《一种基于非单调逻辑的模型管理方法》,载《自动化学报》,1992 年第 18 期。

19. 李长玲:《知识管理绩效的模糊评价》,载《情报科学》,2006 年第 24 卷第 2 期。

20. 李顺才、常荔、邹珊刚:《企业知识存量的多层次灰关联评价》,载《科研管理》,2001 年第 22 期。

21. 李永敏、朱善君、陈湘晖等:《基于粗糙集理论的数据挖掘模型》,载《清华大学学报(自然科学版)》,1999 年第 39 期。

22. 梁吉业、李德玉:《信息系统中的不确定性与知识获取》,科学出版社 2005 年版。

23. 林清东:《知识管理理论与实务》,电子工业出版社 2005 年版。

24. 刘希宋等:《企业运用知识管理的评价模型及对策分析》,载《商业研究》,2004 年第 1 期。

25. 刘业政、杨善林、刘心报:《基于 Rough Set 理论的判断矩阵构造方法》,载《系统工程学报》,2002 年第 2 期。

26. 刘宇、葛新权:《试论企业知识管理体系及其发展趋势》,载《中央社会主义学院学报》,2000 年第 12 期。

27. 罗金凤、董玉涛:《浅谈隐性知识显性化的难点及对策——以北河铁矿为例》,载《经管视线》,2011 年第 12 期。

28. 马立杰:《DEA 理论及应用研究》,山东大学博士学位论文,2007 年。

29. 迈克尔·波兰尼著,许泽民译:《个人知识》,贵州人民出版社 2000 年版。

30. 邱若娟、梁工谦:《企业知识管理绩效评价模型研究》,载《情报杂志》,2006 年第 7 期。

31. 申传斌:《基于知识管理的隐性知识显性化研究》,载《科技管理研究》,2005 年第 1 期。

32. 孙青松、邹能锋、刘春胜:《企业知识管理系统评价模型研究》,载《乡镇经济》,2006 年第 5 期。

33. 孙巍:《基于隐性知识内部转化的知识创新研究》,载《情报杂志》,

2006 年第 7 期。

34. 汤建影、黄瑞华：《研发联盟企业间知识共享影响因素的实证研究》，载《预测》，2005 年第 24 期。

35. 佟玲莉：《基于平衡计分卡的企业知识管理研究》，南京工业大学硕士学位论文，2005 年。

36. 王宝丽、梁吉业，钱宇华：《识包含度及其在粗糙集理论中的应用》，载《计算机工程与应用》，2010 年第 46 期。

37. 王宝丽、梁吉业：《知识包含度与粗糙集数据分析中的信息熵》，载《山西大学学报》，2007 年第 30 期。

38. 王君、樊治平：《组织知识管理绩效的一种综合评价方法》，载《管理工程学报》，2004 年第 1 期。

39. 王君、樊治平：《组织知识管理绩效的一种综合评价方法》，载《管理工程学报》，2004 年第 2 期。

40. 王秀红：《组织知识管理绩效评价研究》，载《科学学与科学技术管理》，2006 年第 8 期。

41. 王曾传、徐扬、杜亚军、谢维成：《基于粗糙集理论的模型结构选择与知识发现》，载《西南交通大学学报》，2010 年第 41 期。

42. 吴应良、吴昊苏：《基于主成分分析法的知识管理绩效评价研究》，载《情报杂志》，2007 年第 6 期。

43. 颜光华、李伟进：《知识管理绩效评价研究》，载《南开管理评论》，2001 年第 6 期。

44. 杨峰：《知识管理中隐性知识显性化激励机制的探讨》，载《现代情报》，2004 年第 10 期。

45. 叶茂林、刘宇、王斌：《知识管理理论与运作》，社科文献出版社 2003 年版。

46. 余祖德：《企业内部隐性知识转化的障碍及其转化的机制》，载《科技管理研究》，2011 年第 4 期。

47. 张成考、吴价宝、纪延光：《虚拟企业中知识流动与组织间学习研究》，载《中国管理科学》，2006 年第 4 卷第 2 期。

48. 张福学：《企业知识管理的测度体系研究》，载《情报理论与实践》，2002 年第 3 期。

49. 张目：《基于数据包络分析的地理信息工程综合评价的研究》，武汉大学博士学位论文，2005 年。

50. 张鹏、党延忠：《企业知识管理成熟度模型研究》，载《科学学与科学技术管理》，2010 年第 8 期。

51. 张文修等：《粗糙集理论与方法》，科学出版社 2001 年版。

52. 张咏梅、王志周、仇相波：《知识型企业经营绩效评价指标体系的构建》，载《财会月刊（综合）》，2007 年第 2 期。

53. 郑景丽、司有和：《企业知识管理水平评价指标体系研究》，载《经济体制改革》，2003 年第 5 期。

54. 周志英、田城、王琦峰：《基于 BSC 及模糊评价的企业知识管理绩效评价研究》，载《图书情报工作》，2009 年第 7 期。

55. 竹内弘高、野中郁次郎、李萌译：《知识创造的螺旋：知识管理理论与案例研究》，知识产权出版社 2006 年版。

56. Ahna J H, Chang S G. Assessing the contribution of knowledge to business performance: the KP3 methodology. Decision Support Systems, 2004, 36.

57. Aim J H. Valuation of knowledge: A business performance_oriented methodology. Proceedings of the 35ᵗʰ Hawaii International Conference on Systems Science, USA, 2002.

58. American Productivity & Quality Center (1996). Knowledge Management: Consortium benchmarking study: Final report. Houston, Texas: American Productivity & Quality Center.

59. Badaracco J L. The knowledge link: How firms compete through strategic alliances [M]. Boston: Harvard Business School Press, 1991.

60. Bradley R. Staatsf, David M. Uption, 2011, "Lean knowledge work", Harvard Business Review 10 (6).

61. Bukowitz, W. R. & R. L. Williams (1999). The Knowledge Management Fieldbook. London: Prentice Hall.

62. Choi B, Lee H. An empirical investigation of KM styles and their effect on corporate performance. Information & Management, 2003, 40.

63. Christopher Meyer. While Customers Wait, Add Value. Harvard Business Review, 2001, July-August.

64. Cohen W M, Levinthal D A. Innovation and learning: the two faces of R&D. Economic Journal, 1989, 99 (397).

65. Douglas Bowman, Das Narayandas. Managing Customer-Initiated Contacts with Manufactures: The Impact on Share of Category Requirements and Word-of-Mouth Behavior. Journal of Marketing Research, 2001, August.

66. Fairchild A M. Knowledge management metrics via a balanced scorecard meth-

odology. Proceedings of the 35th Hawai International Conference on Systems Science, USA, 2002.

67. Halit Keskin. The Relationships Between Explicit and Tacit Oriented KM Strategy, and Firm Performance. The Journal of American Academy of Business, 2005, 7 (1).

68. Halit Keskin. The Relationships Between Explicit and Tacit Oriented KM Strategy, and Firm Performance. The Journal of American Academy of Business, 2005, 7 (1).

69. Ikujiro Nonaka · Hiro Takeuchi. The Knowledge-Creating Company: How Japanese Companies Creat the Dynamics of Innovation [M]. New York: Oxford University Press, 1995.

70. Kaplan, R. S. and D. Norton, (1992), "The balanced scorecard-measures that drive performance." Harvard Business Review, Vol. 70, No. 1, pp. 71 – 79.

71. Milgrom P, Roberts J. Complementarities and fit: Strategy, structure and organizational change in manufacturing, J. Econ. Theory, 1995, 19.

72. Milgrom P, Roberts J. The economics of modern manufacturing: Technology, strategy and organization. American Economic Review, 1990, No. 6.

73. Nonaka, I. , Toyama, R. , Konno, N. SECI, ba and leadership: A unified model of dynamic knowledge creating, Long Range Planning, 33 (2000).

74. Organisation For Economic Co-operation And Development. The knowledge based economy. Paris, 1996.

75. Pai D C. Knowledge strategies in Taiwan's IC design firms. Journal of American Academy of Business, Cambridge, 2005, 7 (2).

76. Panteli N, Sockalingam S. Trust and conflict within virtual inter-organizational alliances: a framework for facilitating knowledge sharing. Decision Support Systems, 2005, 39 (4).

77. Sakakibara M. Knowledge sharing in cooperative research and development. Managerial and Decision Economics, 2003, 24 (2).

78. Samuelson P A. Complementarity. Journal of Economic Literature, 1974, 12.

79. Skyrme David and Debra Amidon (1997), "Creating the Knowledge Based Business", Business Intelligence Publisher.

80. Tiwana A. The essential guide to knowledge management: E-business and CRM applications. Atlanta: Prentice_Hall, 2001.

81. Topkis D M. Minimizing a submodular function on a lattice. Operations Re-

search, 1978, 4.

82. Wayne S. Desarbo, Kamel Jedidi, Indrajit Sinha. Customer Value Analysis in a Heterogeneous Market. Strategic Management Journal, 2001, Vol. 22.

83. Yan D Q, Chi X Z, Decom Position the orenandme asure of similarity in-vaguesets, ComPuter Seienee, 2003.